Untersuchung von Werkzeugschnittstellen für Fräsmaschinen unter Betriebsbedingungen

Investigation of Tool Interfaces for Milling Machines under Operating Conditions

Von der Fakultät für Maschinenwesen
der Rheinisch-Westfälischen Technischen Hochschule Aachen
zur Erlangung des akademischen Grades eines
Doktors der Ingenieurwissenschaften
genehmigte Dissertation

vorgelegt von

Christian Siegfried Bergs

Berichter:

Univ.-Prof. Dr.-Ing. Christian Brecher
Univ.-Prof. Dr.-Ing. Georg Jacobs

Tag der mündlichen Prüfung: 12. November 2025

ERGEBNISSE AUS DER PRODUKTIONSTECHNIK

Christian Bergs

Untersuchung von Werkzeugschnittstellen für Fräsmaschinen unter Betriebsbedingungen

Herausgeber:
Prof. Dr.-Ing. Dipl.-Wirt. Ing. G. Schuh
Prof. Dr.-Ing. C. Brecher
Prof. Dr.-Ing. R. H. Schmitt

Band 25/2025

WZL | RWTH AACHEN UNIVERSITY

Fraunhofer IPT

Bibliografische Information der Deutschen Nationalbibliothek
Die Deutsche Nationalbibliothek verzeichnet diese Publikation in der Deutschen Nationalbibliografie; detaillierte bibliografische Daten sind im Internet über https://portal.dnb.de abrufbar.

Christian Bergs:

Untersuchung von Werkzeugschnittstellen für Fräsmaschinen unter Betriebsbedingungen

1. Auflage, 2026

Gedruckt auf holz- und säurefreiem Papier, 100% chlorfrei gebleicht.

Wissenschaftsverlag des Instituts für Industriekommunikation und Fachmedien an der RWTH Aachen
Steinbachstr. 25, 52074 Aachen, Deutschland
Internet: www.apprimus-verlag.de, E-Mail: info@apprimus-verlag.de

Druck: CPI Druckdienstleistungen GmbH
Ferdinand-Jühlke-Straße 7 | 99095 Erfurt | Deutschland

ISBN 978-3-98555-320-4

Vorwort

Die vorliegende Arbeit entstand während meiner Zeit als wissenschaftlicher Mitarbeiter in der Abteilung Maschinentechnik am Lehrstuhl für Werkzeugmaschinen am Werkzeugmaschinenlabor WZL der RWTH Aachen.

Zuerst danke ich meinen Doktorvater Herrn Professor Christian Brecher, der diese Arbeit ermöglicht und betreut hat. Gleichfalls bedanke ich mich bei Herrn Professor Georg Jakobs für die Übernahme des Koreferats. Herrn Professor Matthias Wessling danke ich für die Übernahme des Vorsitzes meines Promotionsverfahrens.

Großer Dank gilt allen Kollegen, die meine Institutszeit begleitet haben und deren Unterstützung und großartiger Gesellschaft ich mir auch über die Dienstzeiten hinaus sicher sein konnte, unserer IT und den Werkstätten für die schnellen Hilfen und natürlich Guido Müller, Karsten Meier und Axel Kaunzner, mit denen ich so manche Schraube unter, auf und in unseren Maschinen und Prüfständen drehen durfte.

Meinen ehemaligen Bürokollegen Florian Kneer, Hans-Martin Eckel, Andreas Bartelt, Marcus Gärtner und Tobias Motschke danke ich für die unvergesslichen Bürogemeinschaften und die gemeinsam mit unseren regelmäßigen Bürogästen verbrachten Feierabend-, Kaffee- oder Teerunden, sowie diverse Wochenendschichten und Freizeitaktivitäten: Robert Spierling, Alexander Hassis, Bastian Esser, Maria Hildebrand, Jens Falker und natürlich Alexander Epple, Stephan Neus und Marcel Fey. Letzterem gilt besonderer Dank für seine Unterstützung bei der Diskussion und Durchsicht der vorliegenden Arbeit.

Meinen langjährigen HiWis Daniel Volpert, Laurin Blasius, Felix Postnikov, Felix Sohnius, Philipp Kloust, Jakob Neise und Céline Santus danke ich vielmals für ihre Unterstützung und ihren unermüdlichen Arbeitseinsatz:

Ihr wart immer ein großartiges Team Werkzeugschnittstelle!

Meinen Eltern möchte ich an dieser Stelle für die Ermöglichung meines Studiums und meiner gesamten Familie für die Unterstützung auf meinem weiteren Lebensweg danken, die mir die Erstellung dieser Arbeit möglich gemacht hat.

Den Mitgliedern des Arbeitskreis Werkzeugschnittstellen danke ich für ihre Unterstützung bei der Umsetzung der Untersuchungen und für die zahlreichen konstruktiven Diskussionen während und zwischen den Arbeitskreissitzungen.

Lüdenscheid, im November 2025 | Christian Bergs

Zusammenfassung

Werkzeugschnittstellen erfahren in Werkzeugmaschinen verschiedene Lastkollektive, unter denen sie weiterhin ihre Funktionen erfüllen müssen. Um die verfügbaren Werkzeugschnittstellen vergleichen zu können, wurden verschiedene Methoden entwickelt und Kennwerte definiert, die bisher allerdings weitgehend im Stillstand angewendet wurden. Diese Arbeit widmet sich zunächst der Auswirkung der Rotation auf die statischen Biegeeigenschaften, der Rotation auf die inneren Kontaktverhältnisse und schlussendlich dem Einfluss der Werkzeugschnittstelle auf den Bearbeitungsprozess.

Um das Biegeverhalten von Werkzeugschnittstellen unter Rotation untersuchen zu können, ist eine Erweiterung bekannter Untersuchungsmethoden erfolgt und ein geeigneter Prüfstand gebaut worden. Bei den ersten Untersuchungen zeigen sich grundlegende Effekte, durch die sich das statische Verhalten in der Rotation vom Stillstand unterscheidet. Die darauf aufbauenden vergleichenden Untersuchungen genormter Werkzeugschnittstellen und einer maximal steifen monolithischen Werkzeugschnittstelle geben einen Überblick über das Biegeverhalten bei verschiedenen Drehzahlen.

Der Kontaktverlust des HSK-Kegels unter hohen Drehzahlen ist bisher nicht praktisch nachgewiesen worden. Um den Nachweis zu führen, wurde ein Versuchswerkzeug entwickelt, welches durch Flüssigkeitsaustritt die Bildung von Spalten in der Kegelverbindung anzeigt. Die simulativen Untersuchungen und die Versuche an Maschinenspindeln zeigen das bereichsweise Abheben, sodass die anschließende Diskussion der Auswirkung auf die Maschinensicherheit notwendig wird.

Abschließend wird der Einfluss der Werkzeugschnittstelle auf die Steifigkeit der Gesamtmaschine durch ein Ersatzmodell und Messungen an verschiedenen Maschinen eingeordnet. Die Abdrängung im Fräsprozess veranschaulicht diese Einordnung anhand praktischer Versuchsergebnisse, die sich mit den Untersuchungen zum dynamischen Prozessverhalten vergleichen lassen.

Abstract

Tool interfaces for Machine Tools are exposed to various load collectives and must still fulfill their purpose safely. In order to compare the variety of available tool interfaces, different methods have been developed and characteristic values defined, most of which have been applied at standstill only. In this thesis the influence of rotation on the static bending behavior is investigated first. Then the changes of the internal contact conditions at higher rotational speeds are investigated before the influence of the tool interface on the machining process is examined.

In order to be able to investigate the bending behavior of tool interfaces under rotation, the established investigation methods have been developed further and a suitable test rig has been built. The first investigations show fundamental effects which lead to a significantly different behavior under rotation than at standstill. Based on these results, further comparative investigations of standardized tool interfaces and a monolithic maximal rigid tool interface provide an overview of the bending characteristics at different speeds.

The loss of contact in the HSK-taper under high speeds has not been practically proven yet. To prove the loss of contact, a test tool was developed, which allows to detect the spill of a fluid when gaps in the taper contact occur. The simulations in combination with the results gained from tests with conventional machine spindles show the aerial lift-off in the taper contact, which motivates the subsequent discussion on the effects of these gaps on the functional safety of the machines.

The final investigations allow a classification of the influence of the different tool interfaces on the overall machine stiffness using a simplified homologous model, which was used with measurement data from different machines. The tool deflection in milling processes illustrates this classification in a practical approach, which is supported by the investigations of the dynamic process stability with different tool interfaces.

Inhaltsverzeichnis

Content

Formelzeichen und Abkürzungsverzeichnis

Formula symbols and abbreviations

Formelzeichen

Zeichen	Einheit	Beschreibung
a_p	mm	Schnitttiefe
a_{Sp}	mm	Sensorabstand an Spindel
a_{Wz}	mm	Sensorabstand an Werkzeug
d	mm	Abstand der Wegsensoren
d_1	mm	Kegeldurchmesser
d_b	mm	Bezugsdurchmesser
$F_{a,i}$	N	Schneidenkräfte
F_{Ab}	N	Abdrängkraft
F_{ax}	N	Axialkraft
F_B	N	Biegekraft
F_{Ein}	N	Einzugskraft
F_R	N	Reibkraft
F_{Flieh}	N	Fliehkraft
$F_{Schnitt}$	N	Schnittkraft
F_{sp}	N	Spannkraft
$F_{t,n}$	N	Mittlere Schnittkraft senkrecht zur Vorschubrichtung
F_V	N	Vorschubkraft
$F_{X,m}$	N	Mittlere Schnittkraft in X-Richtung
I	A	Stromstärke
k_B	Nm/rad	Biegesteifigkeit
k_B	Nm²/mm	Biegesteifigkeit
$k_{B,massiv}$	Nm/rad	Biegesteifigkeit massive Spindel
k_{ges}	N/µm	Gesamtsteifigkeit
$k_{ges,max}$	N/µm	Grenzwert der Gesamtsteifigkeit
k_{HSK}	N/µm	Laterale Steifigkeit HSK
$k_{HSK/PSC/TS}$	N/µm	Laterale Steifigkeit HSK/PSC/TS
K_I	-	Regelparameter

Zeichen	Einheit	Beschreibung
$k_{Maschine}$	N/µm	Maschinensteifigkeit
k_{massiv}	N/µm	Laterale Steifigkeit massive Spindel
k_{Nenn}	Nm²/mm	Nennsteifigkeit
K_P	-	Regelparameter
K_R	-	Regelparameter
$k_{Schnittstelle}$	N/µm	Laterale Schnittstellensteifigkeit
k_{SK}	N/µm	Laterale Steifigkeit SK
$k_{Spindelnase}$	N/µm	Steifigkeit an der Spindelnase
k_T	Nm/rad	Torsionssteifigkeit
k_{TCP}	N/µm	Steifigkeit am TCP
$k_{Werkzeug}$	N/µm	Laterale Werkzeugsteifigkeit
$k_{Werkzeugbund}$	N/µm	Steifigkeit am Werkzeugbund
l_b	mm	Bezugslänge
l_H	mm	Länge des Hebelarms
l_P	Mm	Abstand TCP zu Plananlage
$l_{Werkzeug}$	mm	Werkzeuglänge
M_{Ab}	Nm	Abhebemoment
M_{An}	Nm	Antriebsmoment
M_B	Nm	Biegemoment
$M_{B,krit}$	Nm	kritisches Biegemoment
$M_{B,x}$	Nm	Biegemoment
M_L	Nm	Losbrechmoment
M_R	Nm	Rutschmoment
M_T	Nm	Torsionsmoment
n	min^{-1}	Drehzahl
P	N/mm²	Druck
P_A	N/mm²	Flächenpressung
p_0	N/mm²	Ausgangsdruck
p_1	N/mm²	Druck am Auslass
Q	mm³/s	Durchfluss

Zeichen	Einheit	Beschreibung
R	Ω	Ohm'scher Widerstand
r_1	mm	Radius innen
r_2	mm	Radius außen
r_{grenz}	-	Grenzfehler
R_Z	µm	Mittlere Rautiefe
S	mm	Verdrehspiel
$s_{0°}$	µm	Verlagerung des Wegsensors oben (0°)
$s_{180°}$	µm	Verlagerung des Wegsensors unten (180°)
$s_{Sp,o}$	µm	Verlagerung der Spindel am oberen Sensor
$s_{Sp,u}$	µm	Verlagerung der Spindel am unteren Sensor
$s_{Wz,o}$	µm	Verlagerung des Werkzeugs am oberen Sensor
$s_{Wz,u}$	µm	Verlagerung des Werkzeugs am unteren Sensor
t	s	Zeit
U	V	Spannung
v_c	m/min	Schnittgeschwindigkeit
v_f	mm/min	Vorschubgeschwindigkeit
x_1	µm	Weg 1
x_2	µm	Weg 2
x_{Ab}	mm	Abdrängung
x_{ab}	mm	Abdrängung
x_o	µm	Weg oben
x_u	µm	Weg unten
α	°	relativer Kippwinkel
$\alpha_{K,W}$	°	Bezugswinkel Kegel
α_{Sp}	°	absoluter Kippwinkel der Spindel
α_T	°	Verdrehwinkel
α_{Wz}	°	absoluter Kippwinkel des Werkzeugs
ρ	kg/m³	Dichte
φ	°	Steigungswinkel / Torsionswinkel
ω	$rad \cdot s^{-1}$	Winkelgeschwindigkeit

Abkürzungen

Zeichen	Einheit	Beschreibung
AkWzS		Arbeitskreis Werkzeugschnittstellen
BAZ	-	Bearbeitungszentrum
DMS	-	Dehnungsmessstreifen
FEM	-	Finite Elemente Methode
HSC	-	High-Speed-Cutting
HSK	-	Kegel-Hohlschaft
ISO	-	Internationale Organisation für Normung
LVDT	-	Linear Variable Differential Transformer
PSC	-	Polygonaler Hohlschaftkegel
PTI	-	Polygonal-Turning-Interface
SK	-	Steilkegelschaft
TCP	-	Tool-Center-Point
TS	-	Modulare Kegelschnittstelle mit Kugelumlaufsystem
VDI	-	Verein Deutscher Ingenieure

1 Einleitung

Introduction

Das Ziel einer spanenden Bearbeitung ist die sichere und effiziente Herstellung eines Werkstücks mit einer definierten Sollgeometrie. Hierbei ist die Abweichung des Tool-Center-Points und damit der geometriebildenden Schneide von der programmierten Sollkontur ausschlaggebend. Das Verhalten der einzelnen Maschinenkomponenten, die im direkten Kraftfluss liegen, beeinflusst durch deren mechanische Eigenschaften die geometrische Abweichung unmittelbar, da sie sich unter Last entsprechend ihrer Steifigkeit verformen. Um bei der Auslegung einer Werkzeugmaschine die Maschinenkomponenten bewerten zu können, müssen deren Eigenschaften bekannt sein. Die Werkzeugschnittstelle als standardisierte Fügestelle zwischen Maschine und Werkzeug liegt immer im direkten Kraftfluss zwischen spanbildender Scheide und Hauptspindel, womit ihre mechanischen Eigenschaften direkten Einfluss auf das Bearbeitungsergebnis haben. Als Alleinstellungsmerkmal der Werkzeugschnittstelle kann diese nicht redundant ausgeführt, verstärkt oder ohne größere Anpassungen der Spindel vergrößert und so an höhere Lasten angepasst werden. Lediglich der Typ, das Spannsystem und die Einzugskraft können variiert werden. Die Kenntnis der Steifigkeitseigenschaften verschiedener Werkzeugschnittstellen kann also für die Auslegung einer Werkzeugmaschine von hoher Bedeutung sein, da sich diese im Nachgang nicht mehr verändern lassen.

In vorhergehenden Arbeiten wurden Methoden zur Charakterisierung von Werkzeugschnittstellen hinsichtlich ihrer statischen Biege- und Torsionseigenschaften für einen Vergleich im Stillstand entwickelt und Ergebnisse vorgestellt. Die untersuchten Werkzeugschnittstellen werden häufig unter Rotation, zum Beispiel beim Fräsen, eingesetzt. Ob die charakteristischen Kennwerte, die das statische Verhalten beschreiben, unter Rotation von denen im Stillstand unterscheiden, ist bisher nicht vergleichend untersucht worden.

Da die Biegeeigenschaften der Werkzeugschnittstelle hauptsächlich dann relevant sind, wenn das Werkzeug und die Spindel rotieren, ist es von Bedeutung, ob die bekannten Kennwerte unter Rotation und damit die veränderten Kontakt- und Kraftbedingungen ihre Gültigkeit beibehalten und ferner wie sich das Verhalten der Schnittstellen allgemein unter Rotation und Biegebelastung darstellt.

Wird die Drehzahl der Spindel gesteigert, kommen zusätzliche Effekte zum Tragen, die sich als Fliehkrafteffekte auf die Spindel, das Werkzeug und das verwendete Spannsystem auswirken. Teilweise ungleichförmige Aufweitungen der Kontaktpartner und Veränderungen der Kräfte wurden in vorhergehenden Arbeiten untersucht und daraus Drehzahlgrenzen abgeleitet, die heute in Frage gestellt werden, da diese in der Praxis regelmäßig überschritten werden. Dieser Zustand ist unbefriedigend und verlangt die Definition einer praxisgerechten Drehzahlgrenze, die den konstruktiven Ausführungen von Hochdrehzahlspindeln gerecht wird und eine einfache Überprüfung der Kriterien zulässt.

Ebenso einfach wie die Überprüfung der Grenzdrehzahl sollte sich auch bei einer Bestandsmaschine die Beurteilung des Einflusses der Werkzeugschnittstelle auf das statische Verhalten der Maschine gestalten. Oft wird die Werkzeugschnittstelle oder die verwendete Einzugskraft bei Problemen mit einer Werkzeugmaschine in Hinblick auf Fertigungsprobleme adressiert, ohne dies genauer belegen zu können. Auch wenn der Einfluss unter Zuhilfenahme der statischen Kennwerte in der Simulation oder Berechnung der Maschine in der Auslegungsphase bewertet werden kann, ist dies im Feld nicht mehr ohne weiteres möglich. Die korrekte Einordnung, ob die Werkzeugschnittstelle für das vorliegende Problem oder die gewünschte Optimierung einer Maschine der richtige Ansatzpunkt ist, kann oft nicht durch ein methodisches Vorgehen gestützt werden. Da hier zum einen das statische Steifigkeitsverhalten, zum anderen aber auch das dynamische Verhalten in den Fokus der Diskussion rücken, ist eine Einordnung der Auswirkungen der Werkzeugschnittstelle auf die geometrische Abweichung von der Sollkontur, aber auch auf die aus schwingungstechnischer Sicht erreichbaren Prozessgrenzen für die Diskussion von Optimierungspotenzialen sicherlich hilfreich.

Die Entwicklung von Methoden zur Charakterisierung und Beurteilung von Werkzeugschnittstellen hinsichtlich verschiedener Merkmale wurde in vorhergehenden Arbeiten vorgestellt und die Ergebnisse diskutiert. Auf diese Arbeiten aufbauend wurden die Fragestellungen und Methoden erweitert und setzen die langjährige Forschungsarbeit konsequent fort.

Die vorliegenden Ergebnisse, auf die diese Arbeit aufbaut, sind großenteils im Rahmen des Arbeitskreis Werkzeugschnittstellen (AkWzS) entstanden, in dem das Werkzeugmaschinenlabor WZL der RWTH Aachen gemeinsam mit den beteiligten Industriepartnern Fragestellungen mit Bezug zur Werkzeugschnittstelle bearbeitet. Teile der Ergebnisse wurden bereits vorab veröffentlicht.

Introduction

The objective of machining is the safe and efficient production of a workpiece with a defined nominal geometry. The deviation of the tool center point and thus of the geometry-forming cutting edge from the programmed nominal contour is decisive here. The behavior of the individual machine components, which are in the direct force flow, directly influences the geometric deviation through their mechanical properties, since they deform under load according to their rigidity. In order to be able to correctly evaluate the machine components when designing a machine tool, their properties need to be known. The tool interface, as a standardized joint between machine and tool, is always in the direct force flow between the cutting force and the machine spindle, which means that its mechanical properties have a direct influence on the machining result. As a unique feature of the tool interface, it cannot be doubled or enlarged without major adjustments to the spindle. Hence only the type, the clamping system and the pull-in force can be varied in order to adapt to higher loads. Knowledge of the stiffness characteristics of different tool interfaces can therefore be of great importance for the design of a machine tool as these cannot be changed later.

In previous studies methods for characterizing tool interfaces in terms of their static bending and torsional properties for comparison at standstill have been developed and results presented. The investigated tool interfaces are mainly used under rotational speeds for example in milling, still it is not yet known whether the results gained at standstill can be applied under these conditions.

Since the bending properties of the tool interface are mainly relevant when the tool and the spindle rotate, it is important to know whether the known characteristic values are still valid under rotation and thus changed contact and force conditions. Just as important is the question, if and how the general behavior of the interfaces changes under rotational speeds and bending loads.

If the speed of the spindles is increased, additional effects of mass inertia gain influence, which have an effect as centrifugal forces on the spindle, the tool and the clamping system used. Partially non-uniform expansions of the contact partners and changes in the forces were investigated in previous studies and speed limits were derived from this, which are now being questioned because these are exceeded in practice. This state of affairs is unsatisfactory and motivates the definition of a speed limit which is suitable for practical use, which corresponds to the constructive designs of high-speed spindles and allows simple verification of the criteria.

Just as simple as the verification of the speed limit should be the evaluation of the influence of the tool interface on the static behavior of an existing machine. Often the tool interface itself or the pull-in force used is addressed in problems with a machine tool with regard to production problems, without being able to prove this more precisely. Even if the influence can be evaluated with the help of the static characteristic values in the simulation or calculation of the machine in the design phase, this is no longer possible in the field. The correct classification of whether the tool interface is the right starting point for the problem at hand or the desired optimization of a machine can often not be supported by a methodical procedure. Since the static stiffness behavior on the one hand and the dynamic behavior on the other hand are the focus of the discussion, a classification of the effects of the tool interface on the deviations from the geometric target contour and also the process limits achievable from a vibration engineering point of view is certainly helpful for the discussion of optimization potentials.

The development of methods for characterizing and evaluating tool interfaces with respect to various features was presented in previous studies and the results discussed. Based on these studies the issues and methods have been extended and consistently continue the research work of many years.

The present results, on which this work is based, were largely developed within the Working Group Tool Interfaces (AkWzS), in which the Laboratory for Machine Tools and Production Engineering WZL of RWTH Aachen University works together with the participating industrial partners on issues related to the tool interface. Parts of the results have already been published in advance.

2 Stand der Technik in Forschung und Industrie

State of the Art in Research and Industry

Als Werkzeugschnittstelle wird die erste Schnittstelle zwischen einer Werkzeugmaschine, im Kontext von Fräsmaschinen der Hauptspindel, und dem Werkzeug bezeichnet [BREC19b]. Um schnell verschiedene Werkzeuge auf Maschinen nutzen zu können, wurden einheitliche Schnittstellen entwickelt. Diese sind durch technologische Weiterentwicklungen und Erweiterungen des Funktionsanspruchs zum Teil verbessert, zum Teil aber auch durch neue Konzepte abgelöst worden. Neben der Hauptaufgabe, Antriebsmomente und Bearbeitungskräfte von der Maschine in das Werkzeug sicher zu übertragen, kam mit der Entwicklung programmgesteuerter spanender Werkzeugmaschinen die Notwendigkeit hinzu, die Werkzeuge automatisiert wechseln zu können. Die Anforderungen, die Werkzeuge bei hohen Drehzahlen und hohen Bearbeitungskräften sicher halten zu können, sind ebenfalls mit der Weiterentwicklung der Prozesse gestiegen.

Bei verschiedenen spanenden Fertigungsverfahren mit rotierenden Werkzeugen kommen genormte Werkzeugschnittstellen zum Einsatz, die die Anforderungen durch die unterschiedlichen Verfahren gleichermaßen erfüllen müssen. Kapitel 2.1 gibt einen Überblick über Fertigungsverfahren, bei denen die in dieser Arbeit behandelten Schnittstellen zum Einsatz kommen.

Die Hauptmerkmale und Funktionsweisen der vier am weitesten verbreiteten Werkzeugschnittstellen für rotierende Anwendungen werden in Kapitel 2.2 erläutert. Da die Werkzeugschnittstelle direkt im Kraftfluss der Maschine liegt, hat sie maßgeblichen Einfluss auf die Gesamtsteifigkeit einer Werkzeugmaschine und damit auf Fertigungsabweichungen, die durch Prozesskräfte verursacht werden. Um Werkzeugschnittstellen hinsichtlich ihrer statischen Eigenschaften untersuchen und miteinander vergleichen zu können, wurden Untersuchungsmethoden und Kennzahlen entwickelt, die in Kapitel 2.3 vorgestellt werden. Diese Methoden lassen sich teilweise sowohl auf Werkzeugschnittstellen für rotierende als auch auf solche für stehende Werkzeuge anwenden.

Da sich die in Kapitel 2.3 vorgestellten Methoden auf das statische Verhalten von Werkzeugschnittstellen ohne Rotation beziehen, werden in Kapitel 2.4 bisherige Untersuchungen und Untersuchungsansätze zum Verhalten von Werkzeugschnittstellen in der Rotation zusammengefasst.

Abschließend wird der Bedarf herausgestellt, das Verhalten von Werkzeugschnittstellen für rotierende Anwendungen hinsichtlich des statischen Verhaltens unter Rotation, dem Einfluss hoher Drehzahlen auf die Kontaktbedingungen sowie den Einfluss der Werkzeugschnittstelle auf den Bearbeitungsprozess eingehend zu untersuchen.

2.1 Spanende Fertigungsverfahren mit rotierenden Werkzeugen

Chipping manufacturing processes with rotating tools

In der Einordnung der Fertigungsverfahren nach Abbildung 2.1 werden die in der Produktionstechnik eingesetzten Fertigungsverfahren nach der Art der Veränderung eines Werkstücks gruppiert und innerhalb dieser Gruppen nach technologischen Merkmalen der Verfahren weiter untergliedert. Bei allen Verfahren müssen Werkzeuge getauscht werden und es können rotierende Werkzeuge Verwendung finden. Hervorgehoben sind diejenigen Verfahren, bei denen hauptsächlich genormte Werkzeugschnittstellen mit automatischer Schnellwechselfunktion zum Einsatz kommen.

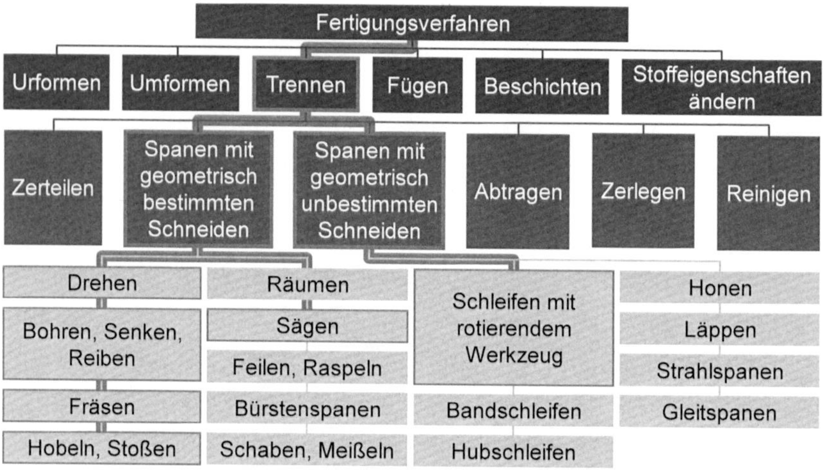

Abbildung 2.1: Einordnung der Fertigungsverfahren nach DIN 8580 [DIN03d]
Classification of machining processes according to DIN 8580 [DIN03d]

Neben den hervorgehobenen Verfahren stellen das Rollieren von Bohrungen und Formen vom Gewinden Beispiele für Verfahren aus der Gruppe der umformenden Verfahren dar, die ebenfalls auf Bearbeitungszentren mit den dort verwendeten Werkzeugschnittstellen zum Einsatz kommen. Die nicht hervorgehobenen Verfahren spielen für die Auslegung der Maschinen eine untergeordnete Rolle und sind für die weiteren Betrachtungen nicht relevant. Die Herausforderung bei den hervorgehobenen Verfahren besteht darin, eine große Vielfalt an unterschiedlich geformten Werkzeugen, die wie Schaftfräser, Bohrer, Messerköpfe oder Sägeblätter speziell für eine Zerspanungsaufgabe ausgelegt werden, über eine einheitliche Schnittstelle sicher mit der Hauptspindel zu verbinden. Im Aufbau der Werkzeuge folgen eventuell weitere Schnittstellen zur Adaptierung oder Verlängerung, bis die Schnittstelle zum eigentlichen Material abtragenden Zerspanungswerkzeug dieses mit dem Werkzeughalter verbindet.

Diese Werkzeuge erzeugen aufgrund verschiedener Zerspanungsaufgaben unterschiedlichste Belastungen auf die Werkzeugschnittstellen. Neben den Verfahren, bei denen das Werkzeug rotiert, sind auch das Drehen, das Hobeln und das Stoßen mit aufgenommen, da dies Verfahren sind, die mit den betrachteten Werkzeugschnittstellen auf modernen Bearbeitungszentren eingesetzt werden.

Für die in Abbildung 2.1 hervorgehobenen Verfahren sind die vorwiegenden Belastungen auf die Werkzeugschnittstelle, die durch das Antriebsmoment M_{An} der schnittkrafterzeugenden Spindel und die Vorschubkraft F_V erzeugt werden, in Abbildung 2.2 eingeordnet.

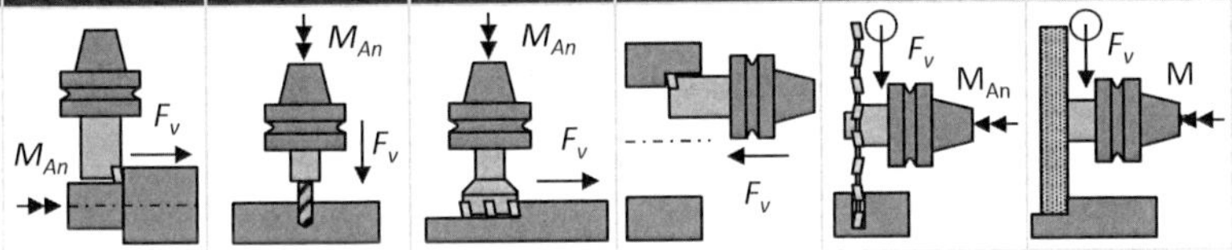

	Drehen	Bohren, Senken, Reiben	Fräsen	Hobeln, Stoßen	Sägen	Schleifen […]
M_T	++	+	+	o	++	++
M_B	++	o	++	+	++	++
F_{ax}	+	++	o	++	o	o
n	o	++	++	o	+	+

Abbildung 2.2: Belastungen auf die Werkzeugschnittstelle für verschiedene Bearbeitungsverfahren
Loads on the tool interface for different machining processes

Die hieraus resultierenden Belastungen in der Werkzeugschnittstelle sind das Torsionsmoment M_T, das Biegemoment M_B sowie die Axialkraft F_{ax} und die Drehzahl n, deren Höhe für verschiedene Verfahren vergleichend gegenübergestellt sind. Die Abbildung zeigt, dass bei verschiedenen Verfahren, die mit der gleichen Werkzeugschnittstelle abgebildet werden können, sehr unterschiedliche Lastkollektive auf die Werkzeugschnittstelle aufgebracht werden. So erfährt ein stehendes Drehwerkzeug keine Belastung durch Drehzahl, wie auch ein idealer Bohrprozess querkraft- und damit biegemomentenfrei ist. Beispielsweise bei Fräs- und Schleifverfahren können die Lastkollektive innerhalb der Gruppe deutlich abweichen. Ein Schruppfräsprozess, wie er zum Versäubern von großformatigen Gussbauteilen zum Einsatz kommt, wird in der Regel bei niedrigen Drehzahlen mit hohen Antriebsmomenten und Vorschubkräften ablaufen. Dagegen erfolgt das High-Speed-Cutting (HSC), wie es in der Luftfahrtindustrie für Strukturbauteile eingesetzt wird, bei höchsten Drehzahlen.

Werkzeugschnittstellen müssen also bei sämtlichen in Abbildung 2.2 genannten möglichen Lastkollektiven ihre primäre Aufgabe erfüllen und das Werkzeug während der

Bearbeitung sicher in seiner Position in der Spindel halten. Diese Aufgabe ist aus Gründen der Sicherheit hoch priorisiert.

Nach der Sicherheit stehen aus Sicht des Anwenders die funktionalen Anforderungen an die Werkzeugschnittstelle im Vordergrund. Zuerst ist die exakte Positionierung der Schneiden von entscheidender Bedeutung für die Genauigkeit der Bearbeitung, da sie bestimmt, wo eine erzeugte Oberfläche relativ zur bekannten Position der Spindel liegt. Zum einen hat die Einwechselwiederholgenauigkeit, also wie genau die Position eines Werkzeugs bei mehrmaligem Einwechseln wieder erreicht wird, zum anderen aber auch die durch Bearbeitungskräfte verursachte Verlagerung des Werkzeugs relativ zur Hauptspindel einen maßgeblichen Einfluss hierauf.

Im folgenden Kapitel werden zunächst verschiedene Werkzeugschnittstellen vorgestellt, die grundsätzlich für alle Anwendungen aus Abbildung 2.2 geeignet sind, jedoch durch ihr Entwicklungsziel und die daraus resultierenden Merkmale und Eigenschaften für bestimmte Belastungskollektive bevorzugt eingesetzt werden.

Um eben jene mechanischen Eigenschaften und den Einfluss verschiedener konstruktiver Merkmale auf die mechanischen Eigenschaften zu bestimmen, wurden Untersuchungsmethoden entwickelt, die in der Regel einzelne Lastkollektive aus Abbildung 2.2 oder nur Teile davon abbilden können.

Entsprechend den Belastungen sind die folgenden Kapitel in die statischen Eigenschaften und deren Untersuchungsmethoden und die Untersuchung des Einflusses der Rotation auf Werkzeugschnittstellen gegliedert.

2.2 Werkzeugschnittstellen für rotierende Anwendungen

Tool interfaces for rotating applications

Die Werkzeugschnittstelle hat die Aufgabe, Werkzeuge sicher in der Maschine zu spannen, unabhängig davon, welcher Maschinentyp und welcher Bearbeitungsprozess betrachtet wird. Die in 2.1 getroffene Abgrenzung auf Fertigungsverfahren mit vornehmlich rotierenden Werkzeugen, die auf Bearbeitungszentren mit automatischen Werkzeugwechslern eingesetzt werden können, ermöglicht eine Eingrenzung der vorwiegend verwendeten Werkzeugschnittstellen.

Der Übergang zwischen Werkzeugschnittstellen für stehende Werkzeuge wie dem VDI Zylinderschaft [DIN06] oder dem PTI [BREC16c; WAGN17; BREC20b] hin zu Werkzeugschnittstellen, die rein für rotierende Anwendungen geeignet sind wie dem HSK-E [DIN12b], welcher für höchste Drehzahlen optimiert wurde, ist fließend. So verfügen Fräsmaschinen heute über Rundtische mit Drehfunktion und Drehmaschinen über Bearbeitungsköpfe zur Fräsbearbeitung [NEUG12]. Daraus ergibt sich, dass heute mit derselben Werkzeugschnittstelle Dreh- und Fräsoperationen durchgeführt werden.

Die Werkzeugschnittstelle stellt die Verbindung zwischen verschieden geformten Werkzeugen und der Maschine her, daher wird an der Maschine eine einheitliche Schnittstelle für verschiedene Werkzeuge benötigt. Die heute hauptsächlich im Werkstattbereich an Bohrmaschinen [BREC19b] zu findende Morsekegelschnittstelle nach DIN 228 [DIN87a] ist mit einem Kegelverhältnis von 1:20 selbsthemmend und hat reibschlüssige Drehmomentenübertragung im Kegel. Für größere Momente kann auch ein formschlüssiges Mitnahmeelement in Form eines Querkeils eingesetzt werden [DIN64]. Da der Morsekegel wegen seines selbsthemmenden Kegelverhältnisses mit großen Kräften ausgetrieben werden muss, eignet er sich nicht zum automatisierten Spannen und Lösen und hat damit seine Bedeutung für moderne Bearbeitungszentren verloren.

Für den automatischen Werkzeugwechsel kommen hauptsächlich die genormten Werkzeugschnittstellen zum Einsatz, die in Abbildung 2.3 gegenübergestellt sind. Dargestellt sind die wichtigsten Elemente und funktionsbestimmenden Merkmale.

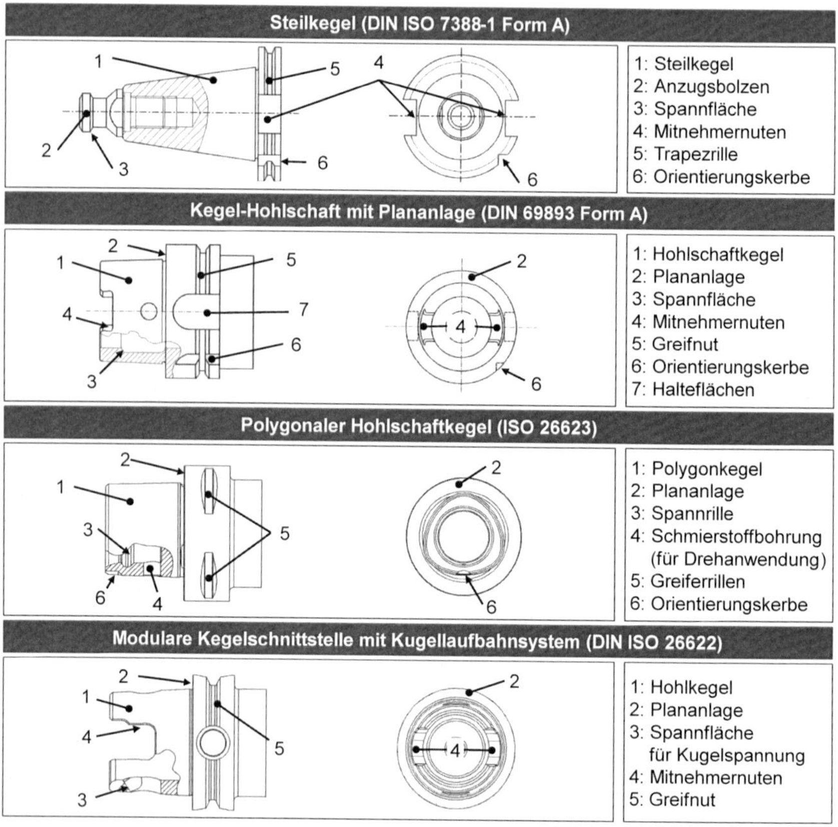

Abbildung 2.3: Gegenüberstellung genormter Werkzeugschnittstellen für Bohr- und Fräsanwendungen [BREC19b]
Comparison of standardized tool interfaces for drilling and milling applications

Hauptsächlich in automatisch wechselnden Fräsmaschinen und Bohrwerken kommt der als Steilkegel (SK) bezeichnete Werkzeugschaft mit Kegel 7/24 nach Abbildung 2.3 oben zum Einsatz. Die Werkzeugseite ist in neun verschiedenen Bauformen und fünf Baugrößen [DIN14a; DIN14b] international genormt. Die dazugehörige Spindelseite nebst Mitnehmernutensteinen [DIN87b] und verschiedenen Anzugsbolzen [DIN15] sind genauso genormt.

Auch der Steilkegel weist einige Schwächen auf. Die axiale Positionsgenauigkeit ist durch den Kegelsitz gering, da hier jegliche Durchmessertoleranzabweichung direkt im Kegelverhältnis zu einer axialen Positionsabweichung führt. Der geringe

Stützdurchmesser führt zu geringen Biegesteifigkeiten. Dazu führt die massive Ausführung des Kegels zu einem hohen Gewicht, was die Handhabung erschwert. Zudem führen das Aufweiten der Spindel unter hohen Drehzahlen oder Erwärmung der Spindel zum Nachrutschen des Werkzeugs in die Spindel, was zunächst die Werkzeuglänge verändert, später aber auch zu einem Klemmen des Werkzeugs führen kann, was das automatische Lösen teilweise unmöglich macht. [LEMB93] Dazu neigen die außenliegenden Nutensteine, die der Drehmomentenübertragung und Positionierung dienen, zum Verschmutzen und Abschleudern oder Aufwickeln von Spänen.

Der Hohlschaftkegel (HSK) oder Kegel-Hohlschaft nach DIN 69893 und DIN ISO 12164 ist in sieben Werkzeugformen und neun Baugrößen verfügbar, die für verschiedene Anwendungen entwickelt und standardisiert wurden. Am weitesten verbreitet ist Form A nach Abbildung 2.3, welche über einen hohlen Kegel mit innenliegenden Spannflächen verfügt. Der Werkzeugkegel weist eine Kegelsteigung von 1:9,98, der Aufnahmekegel ein Kegelsteigung von 1:10 auf, so dass stets eine radiale Führung an der Plananlage gegeben ist. Durch diese wird die axiale Position bestimmt und eine zusätzliche Abstützung gegen Biegemomente erreicht. Da durch den mit Übermaß ausgeführten Kegel und die Plananlage eine Überbestimmung in axialer Richtung vorliegt, ist der Kegel hohl ausgeführt und wird beim Einzug gestaucht. Ohne das Übermaß könnte keine Positionierung in der Plananlageebene gewährleistet werden. Die Torsionsmomentenübertragung erfolgt einerseits reibschlüssig über Kegel und Plananlage, andererseits auch formschlüssig über die Mitnehmernuten am Werkzeug und die zugehörigen Nutensteine in der Spindelaufnahme. Diese sind unterschiedlich hoch, um eine Verdrehsicherung zu gewährleisten, welche am Greiferbund durch die Orientierungskerbe, auch „Deutsches Eck“ genannt, für das Handling sichergestellt wird. [KOCH99]

Neben der am weitesten verbreiteten Form A [DIN11a; DIN08a] sind auch die sechs weiteren Varianten in Abbildung 2.4 dargestellt.

HSK Form		Kegel	Wechsel	Nuten	DIN Normen		ISO Normen	
					Werkzeug	Aufnahme	Werkzeug	Aufnahme
	A	n	a	n	DIN 69893-1 :2011	DIN 69063-1 :2008	ISO 12164-1 :2001	ISO 12164-2 :2001
	B	k	a	p	DIN 69893-2 :2011	DIN 69063-2 :2003		
	C	n	m	n	DIN 69893-1 :2011	DIN 69063-1 :2008	ISO 12164-1 :2001	ISO 12164-2 :2001
	D	k	m	p	Gestrichen :2011	DIN 69063-2 :2003		
	E	k	a	o	DIN 69893-5 :2012	DIN 69063-5 :2012		
	F	n	a	o	DIN 69893-6 :2003	DIN 69063-5 :2003		
	T	n	a	e	DIN ISO 12164-3:2018	DIN ISO 12164-4:2018	ISO 12164-3 :2001	ISO 12164-4 :2001

a: automatisch | k: kleiner | e: eingeengteToleranzen | m: manuell | n: normal | o: ohne | p: Plananlage

Abbildung 2.4: HSK-Formen mit Übersicht entsprechender Normen
HSK-types with overview of corresponding standards

Die Darstellung in Abbildung 2.4 gibt eine Übersicht über die Kegelgröße bezogen auf HSK-A, über den präferierten Wechsel und ob eine Drehmomentenmitnahme über Nuten am Kegelende erfolgt. Zusätzlich sind die jeweiligen DIN und ISO Normen angegeben, nach denen die jeweiligen Formen auf Werkzeug- und Spindelseite standardisiert sind. Die Formen B [DIN11b; DIN03c] und F [DIN03a; DIN03b] verfügen bei gleichem Plananlagedurchmesser, welcher die Baugröße angibt, über einen kleineren Kegel. Dies erlaubt einen größeren Stützdurchmesser bei gleicher Kegelgröße und damit gleichem Spindeldurchmesser im Bereich des Spannsystems. Die Formen B und D [DIN13c; DIN03c] haben Mitnehmernuten am Greiferbund anstatt am Kegelende sowie Kühlmittelzufuhrbohrungen durch die Plananlagefläche, wohingegen die anderen Bauformen eine zentrale Kühlmittelzufuhr haben. Die Formen C [DIN11a; DIN08a] und D haben keine Greiferrille und sind für den manuellen Wechsel vorgesehen. Die Formen E [DIN12b; DIN12a] und F sind für höchste Drehzahlen vorgesehen und daher rotationssymmetrisch ausgeführt. Form D ist 2011 gestrichen worden, soll allerdings in der nächsten Überarbeitung der Norm erneut aufgenommen werden.

Form T für Turning [DIN18a; DIN18b] verfügt im Vergleich zu Form A über eingeengte Toleranzen an den Mitnehmernuten, was zu einem geringeren Verdrehspiel führt, womit die Schneidenlage für die Drehbearbeitung besser definiert wird [WAGN17]. Die Form ist insbesondere für Dreh-Fräs-Zentren geeignet, bei denen die Frässpindel auch zur Aufnahme von Drehwerkzeugen eingesetzt wird.

Es sind nicht alle Bauformen in allen Baugrößen verfügbar.

Der HSK wird kontinuierlich weiterentwickelt. Die verschiedenen Elemente am HSK-A führen zu dynamischen Unwuchten, welche insbesondere bei langen, dünnen Werkzeugen nur schwer zu kompensieren sind, da an den kleineren Durchmessern im dünnen Teil größere Massen entfernt oder hinzugefügt werden müssten. Daher ist die Form HSK-AB - das B steht für balanced - entwickelt und untersucht worden. Hier ist die Ungleichverteilung der Massen am Kegelende, die durch die ungleich hohen Mitnehmernuten entsteht, durch Ausfräsungen kompensiert worden. Genauso sind die Wuchtmaßnahmen im Bereich des Greiferbundes angepasst worden. So ist der genormte Teil eines Werkzeughalters in jeder Wuchtebene einzeln statisch und damit der gesamte Werkzeughalter auch dynamisch ausgewuchtet. [BREC19a]

Bei der Herstellung komplexer rotationssymmetrischer Innengeometrien, wie beispielsweise von Getriebegehäusen, kommen Aussteuerwerkzeuge zum Einsatz. Diese verfügen über eine oder mehrere in das Werkzeug integrierte Achsen, mit denen Hinterschnitte erzeugt werden können. Die Ansteuerung und Energieversorgung moderner Aussteuerwerkzeuge erfolgte bislang über induktive Drehübertrager im Bearbeitungsraum. Diese erzeugen eine zusätzliche Störkontur außerhalb der Spindel und schränken somit die Zugänglichkeit des Bauteils ein. Um die hiermit einhergehenden Einschränkungen zu vermeiden, wird der HSK-i entwickelt. Der heutige Stand verfügt über eine elektrische Kontaktierung in der Plananlage, so dass Kabel in der Spindel den Einsatz eines im rückwärtigen Maschinenraum verbauten induktiven Drehübertragers erlauben. Durch die acht Kontakte können Steuerspannung, zweikanalig und galvanisch getrennt Steuersignale und zusätzlich bis zu 600 W Leistung zwischen Aussteuerwerkzeug und Maschine ausgetauscht werden. [KOME17]

Die beiden zuvor genannten HSK-Derivate sind zum Stand dieser Arbeit nicht in eine gültige Norm überführt worden.

Das auffälligste Merkmal des polygonalen Hohlschaftkegels PSC nach ISO 26623 [ISO14; ISO20] ist der in Abbildung 2.3 erkennbare Polygonkegel. Dieser erlaubt eine formschlüssige Drehmomentenmitnahme ohne zusätzliche Elemente wie Nutensteine. Der Kegelwinkel des PSC ist mit 1°26‘21“ am Werkzeug- und 1°25‘31“ am Aufnahmekegel angegeben, so dass auch hier ein Tragen nahe der Plananlage sichergestellt ist. Die Plananlage geht in den Greiferbund über, an welchem vier einzelne Nuten als Kontaktfläche für automatische Werkzeugwechsler eingebracht sind. Der PSC ist in sechs Baugrößen genormt.

Die modulare Kegelschnittstelle mit Kugellaufbahnsystem TS aus Abbildung 2.3 nach DIN ISO 26622 [DIN13a; DIN13b] verfügt über einen Hohlkegel, in den tiefe Mitnehmernuten eingeschnitten sind. Dazwischen finden sich die charakteristischen Bohrungen, welche die Kugellaufbahnen für das Spannsystem bilden. Mit Kegelwinkeln von 5°46‘29“ am Werkzeugkegel und 5°43‘29“ am Aufnahmekegel wird auch hier eine gezielte Anlage an der Plananlage sichergestellt. Ebenso ist der Greiferbund mit einer Rille für den automatischen Werkzeugwechsel ausgestattet. Der TS ist ebenfalls in sechs Baugrößen genormt.

Wie in Abbildung 2.3 anhand der verschieden ausgeformten Spannflächen, Spannrillen und Kugelbahnen ersichtlich ist, kommen verschiedene Spannsysteme für die unterschiedlichen Schnittstellen zum Einsatz. Da manuelle Spannsätze vornehmlich für modulare Werkzeuge, Drehmaschinenrevolver und seltener in Hauptspindeln eingesetzt werden, insbesondere natürlich nicht in Maschinen mit automatischem Werkzeugwechsler, werden diese hier nicht weiter behandelt.

Anhand der beiden Spannsysteme in Abbildung 2.5 lassen sich die grundlegenden Unterschiede zwischen der Innenspannung der Hohlkegelsysteme und dem SK verdeutlichen.

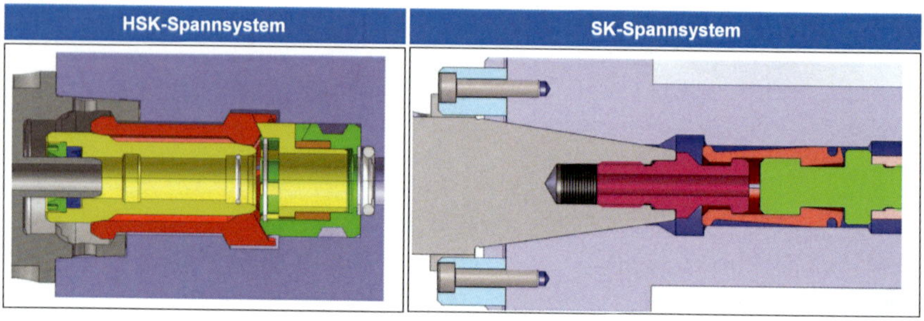

Abbildung 2.5: HSK- und SK-Spannsyteme [BREC19b]
HSK and SK clamping system [BREC19b]

Beim SK-Spannsystem umgreifen die Spannzangen von außen einen Anzugsbolzen. Die Spannfinger selbst werden vom Spannbolzen, welcher auf der Zugstange verschraubt ist, nach hinten gezogen und erzeugen so die Einzugskraft. Bei diesem System sind Spannstangenkraft und Einzugskraft identisch, es liegt keine Spannkraftverstärkung vor. Als nachteilig für einen Betrieb bei höheren Drehzahlen gilt die Möglichkeit des Spannkraftverlustes aufgrund von Fliehkräften auf die Spannzangen.

Da die Spannzangen bei den HSK-Spannsystemen von innen in den hohlen Kegel greifen, würde sich durch Fliehkräfte eher eine Spannkraftverstärkung einstellen. Bei dem hier dargestellten Beispiel eines Ott-Jakob-Spannsystems handelt es sich allerdings auch im Stillstand um ein spannkraftverstärkendes System, wofür es auch weitere technische Lösungen anderer Hersteller gibt. Durch die Wahl der Kegelwinkel am gelb dargestellten Spannbolzen, den rot dargestellten Spannfingern und der hinteren Abstützung der Spannfinger in der Spindel, wird hier die Spannkraftverstärkung erzielt. Demnach ist die Einzugskraft, die auf das Werkzeug wirkt, um ein Vielfaches größer als die Spannstangenkraft. Dies erlaubt den Einsatz kleinerer Federpakete und reduziert dadurch auch die notwendigen Lösekräfte beim Werkzeugwechsel.

Das in Abbildung 2.6 dargestellte PSC-Spannsystem zeigt mit der runden Spannrille, in die die Spannzangen im Werkzeug greifen, den prägnantesten Unterschied zu den zuvor vorgestellten Spannsystemen, die über Spannschrägen verfügen. Wie auch beim HSK-Spannsatz sorgt ein Federpaket für die Positionierung der Spannzangen und eine Selbsthaltung des Werkzeugs, solange dieses in die Spindel eingesetzt, der Spannsatz aber noch nicht gespannt ist.

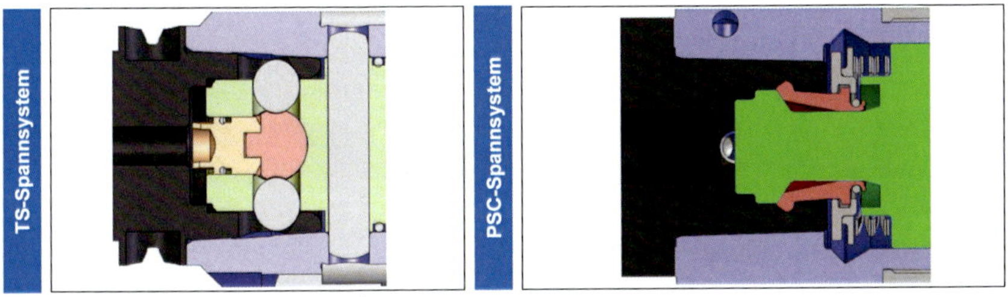

Abbildung 2.6: TS- und PSC-Spannsystem [BREC19b]
TS und PSC clamping system [BREC19b]

Gänzlich anders funktioniert der abgebildete TS-Spannsatz, welcher als Spannelemente keine Spannfinger, sondern Kugeln enthält. Diese Kugeln werden in den Laufbahnen des Spannbolzens so geführt, dass diese in Ausstoßposition im Spannbolzen liegen, beim Spannen nach außen gedrückt werden und so die Einzugskraft auf das Werkzeug übertragen. Durch die Winkel der Kontaktflächen entsteht auch hier eine Spannkraftverstärkung.

Neben den vorgestellten genormten Systemen gibt es weitere Werkzeugschnittstellen, die zum Einsatz kommen und als Varianten oder Weiterentwicklungen der vorgestellten Werkzeugschnittstellen relevant sind.

Das von BIG KAISER entwickelte und in Lizenz vertriebene BIG-PLUS® System ergänzt den Steilkegel um einen eingeschliffenen Plananlagekontakt. Dieser verspricht größere Biegesteifigkeiten wegen des größeren Stützdurchmessers und eine exakte axiale Positionierung. [BIG16]

Ebenfalls gibt es eine Weiterentwicklung des TS-Systems mit vier Spannkugeln, das sich nach Angaben des Entwicklers Kennametal durch höhere Biegesteifigkeiten auszeichnet. Abseits der Norm wird das TS-Systems auch als KM-2X und die Weiterentwicklung KM-4X bezeichnet.

Beide genannten Systeme sind derzeit nicht genormt, wobei BIG-PLUS® durch die Lizenzierung geschützt ist und KM-4X zur ISO-Normung vorgeschlagen wurde.

Alle vorgestellten Systeme haben unterschiedliche konstruktive Merkmale und damit einhergehend auch verschiedene Eigenschaften und Anwendungsfelder, in denen sie bevorzugt eingesetzt werden. Um die Merkmale der Schnittstellen auf Basis quantifizierbarer Größen vergleichen zu können, sind verschiedene Untersuchungen durchgeführt worden, wobei für die statischen Eigenschaften die größte vergleichbare Datenbasis existiert.

2.3 Statische Eigenschaften von Werkzeugschnittstellen

Static properties of tool interfaces

Als mechanische Koppelstelle im direkten Kraftfluss einer Werkzeugmaschine hat die Werkzeugschnittstelle einen maßgeblichen Einfluss auf die Zerspanung, weshalb ihren statischen Eigenschaften eine hohe Bedeutung zugemessen wird. Die statischen Biege- und Torsionseigenschaften beeinflussen direkt die geometrische Genauigkeit des Bearbeitungsergebnisses, da sie die Positionsabweichung der Schneide unter Bearbeitungskräften bedingen. Verschiedene Ansätze zur Beschreibung der statischen Eigenschaften haben verschiedene Kenngrößen und Messstrategien hervorgebracht. Im Folgenden wird die Entwicklung der verschiedenen Methoden und Kennwerte zusammengefasst.

Statische Biegeeigenschaften

Die Entwicklung von Messmethodiken zur Messung der statischen Eigenschaften beginnt mit einem Prüfstand von LEMBKE, welcher für die Entwicklung einer neuen Schnittstelle und dem Vergleich der Prototypen und des Steilkegels diente. Hierbei wurde ein ähnlicher Aufbau wie in Abbildung 2.7 gewählt, jedoch wurde die Kraft mit einem piezoelektrischen Relativerreger an der Werkzeugspitze eingeleitet und auch an der Werkzeugspitze die Verlagerung gemessen, so dass die Durchbiegung des Werkzeugs hier in die Messung eingeht. Dabei waren allerdings dynamische Steifigkeiten das Ziel der Untersuchungen [LEMB93]. SCHUBERT ergänzt für die Untersuchung der radialen Steifigkeit Messringe auf Spindel und Werkzeug, sodass die Steifigkeiten von Werkzeugkörper, Spindel und Prüfstand nicht mitgemessen werden. Durch die Anordnung von zwei taktilen Sensoren werden die Kippwinkel aus der Differenz der beiden Verlagerungen geteilt durch deren Abstand gebildet. Zwei weitere Sensoren in 90°-Ausrichtung zu den ersten beiden erlauben in der neutralen Faser die Messung der axialen Verlagerung des Werkzeugs gegenüber der Spindel. [SCHU94] MÜLLER und WAGNER nutzen grundsätzlich denselben Prüfstandsaufbau für ihre statischen Messungen wie SCHUBERT und REINARTZ, haben allerdings die Definition von Kennwerten und die Algorithmik zu deren Bestimmung weiterentwickelt. [BREC13; MÜLL16; WAGN17; WECK99]

Der Statikprüfstand nach Abbildung 2.7 dient der Untersuchung statischen Biegeverhaltens von Werkzeugschnittstellen. Hierzu ist er modular aufgebaut und erlaubt in dem Aufnahmeblock über Reduzierhülsen die Aufnahme verschiedener Spindeldummys. Diese sind auf Spannsysteme und die Werkzeugschnittstellen reduzierte Hauptspindeln. Auf dem Spindeldummy und dem Greiferbund des eingespannten Versuchswerkzeugs werden Messscheiben zur Aufnahme von Wegsensoren und als gegenüberliegende Messfläche montiert. Über den Hydraulikzylinder wird die Biegekraft F_B aufgebracht, welche von einem Kraftsensor gemessen wird. So kann aus den Wegen x_o und x_u und dem bekannten Abstand der Sensoren zueinander d der Kippwinkel α nach der abgebildeten Formel berechnet werden. [BREC15b]

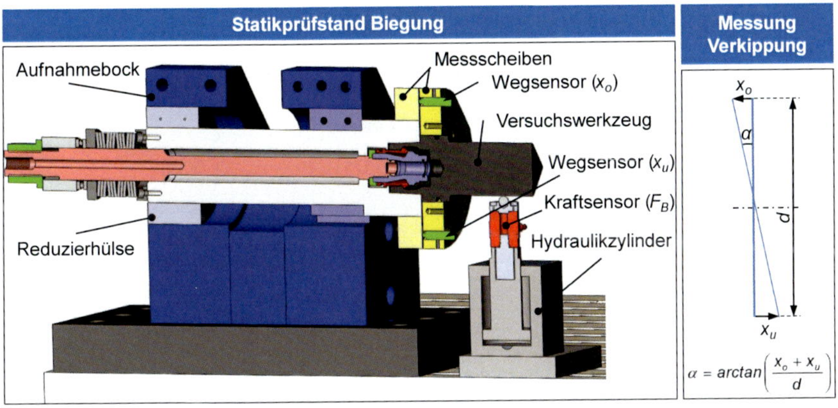

Abbildung 2.7: Statikprüfstand für Werkzeugschnittstellen in Biegekonfiguration [MÜLL16]
Statics test bench for tool interfaces in bending configuration

Die Messergebnisse von statischen Biegeversuchen sind in Abbildung 2.8 als schematisierte Biegekennlinien für Werkzeugschnittstellen mit Plananlage links und ohne Plananlage rechts dargestellt. Aufgetragen ist der Kippwinkel α über dem Biegemoment M_B.

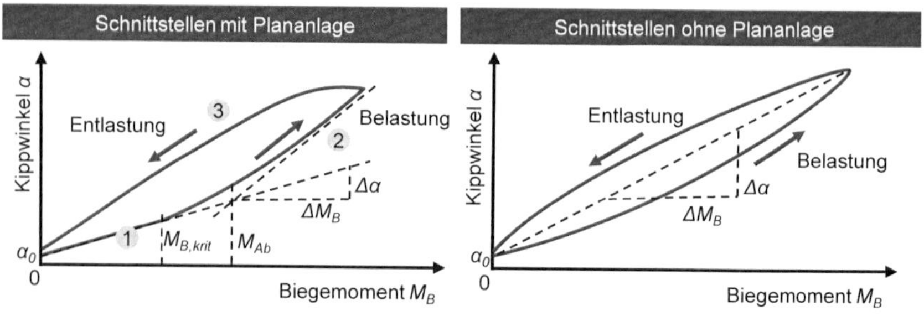

Abbildung 2.8: Schematische Biegekennlinien nach [SCHU94; LEMB93; MÜLL16]
Schematic bending curves

Der charakteristische Verlauf einer Biegekennlinie für eine Werkzeugschnittstelle mit Plananlage beginnt nicht im Ursprung, sondern auf Höhe der initialen Verkippung α_0 und geht dann in den ersten linearen Bereich (1) über. Hier liegt die Plananlage voll an. Das kritische Abhebemoment $M_{B,krit}$ markiert das beginnende Abheben der Plananlagen voneinander und den Beginn des Übergangsbereiches in der Kennlinie, bis sich ein zweiter linearer Bereich (2) abzeichnet. In diesem werden Werkzeug und Spannsystem aus der Spindel gezogen und das Werkzeug kippt über den verbleibenden Kontaktpunkt. Die Entlastung (3) ist durch eine Hysterese gekennzeichnet.

Für Werkzeugschnittstellen ohne Plananlage zeigt der Kurvenverlauf keine Knicke, lediglich eine ausgeprägte Hysterese, eine initiale Verkippung und keine linearen Bereiche.

Aus den Kennlinien lassen sich charakteristische Kennwerte bestimmen.

Während die Biegesteifigkeit k_B oder k_{Nenn} stets als die Steigung der Biegekennlinie im ersten linearen (links) oder im gesamten (rechts) Bereich definiert ist, gibt es mit dem Abhebemoment M_{Ab} [LEMB93; SCHU94; WECK99] und dem kritischen Abhebemoment $M_{B,krit}$ [MÜLL16; WAGN17] zwei verschiedene Angaben, die das Abheben der werkzeugseitigen Plananlage von der spindelseitigen Plananlage angeben, wobei das Abhebemoment M_{Ab} als der Schnittpunkt der Ausgleichsgeraden durch den ersten und zweiten linearen Bereich definiert ist. Nachteilig an dieser Definition ist, dass die Steifigkeit des Spannsystems den zweiten linearen Bereich und damit M_{Ab} beeinflusst. Das kritische Abhebemoment $M_{B,krit}$ kann mit der Methode von MÜLLER als Ende des ersten linearen Bereichs bestimmt werden. Hierzu wird eine Geradeninterpolation ausgehend von einem Startwert mit der Methode der kleinsten Fehlerquadrate durchgeführt. Mit einem vorausschauenden Fenster wird der Bereich der Geradeninterpolation immer größer, bis der gewählte Grenzfehler r_{grenz} erreicht wird. An diesem Punkt wird die Geradeninterpolation abgebrochen und $M_{B,krit}$ ist der größte Momentenwert der Geraden und der Kehrwert ihrer Steigung ist als die Biegesteifigkeit k_B definiert. [MÜLL16]

Im Falle von Werkzeugschnittstellen ohne Plananlage wird eine Ausgleichsgerade durch die gesamte Kennlinie vom Minimalwert zum Maximalwert berechnet und der Kehrwert der Steigung gibt auch hier das k_B an.

LEMBKE nutzte die Messungen, um verschiedene Lösungen in der Entwicklung bewerten zu können, wogegen danach häufiger der Vergleich etablierter Lösungen im Fokus stand. So wurden mit der Methode von MÜLLER die Werkzeugschnittstellen HSK, PSC, SK und TS der Baugröße 63 untersucht [BREC13; BREC15b; MÜLL16] und im Anschluss auch HSK, SK und PSC in den Baugrößen 100 [BREC19c] und 32 [BREC20c; BREC20a]. Bei den genannten Untersuchungen wurden durch die Verwendung von Werkzeugen mit verschiedenen Toleranzlagen die nach Norm möglichen Streuungen bestmöglich abgebildet.

Die Auswahl der Toleranzlagen der Versuchswerkzeuge für die von MÜLLER durchgeführten Prüfstandsversuche zeigt Abbildung 2.9.

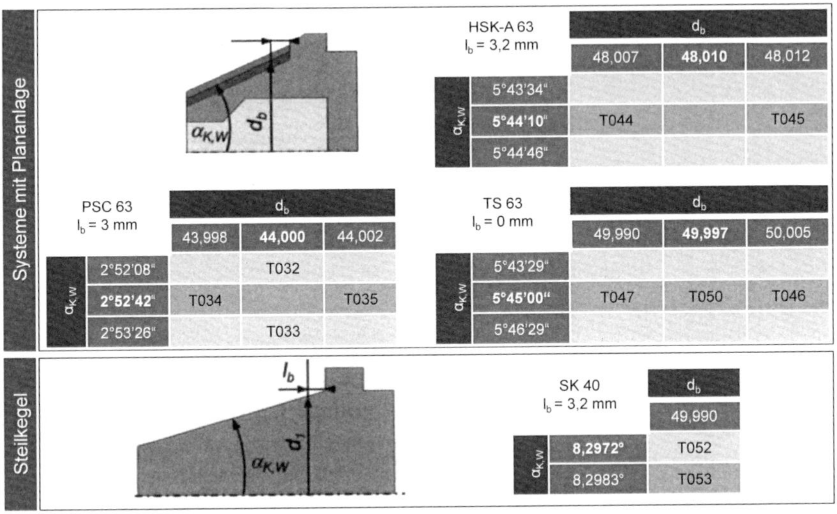

Abbildung 2.9: Übersicht über die Konfigurationen der Versuchswerkzeuge [MÜLL16]
Overview over the configurations of test tools

Hier wurden für HSK und TS die Kegeldurchmesser bei Normwinkel variiert. Beim PSC wurden Grenzmuster für die Winkel- und die Durchmessertoleranz angefertigt. Beim SK ist eine Variation des Durchmessers nicht sinnvoll, daher wurde nur der Winkel variiert.

Die Toleranzbereiche der Werkzeugschnittstellen werden also durch Minimal-, Maximal- und Nominalwerkzeuge dargestellt, welche in Aufnahmen mit Nominalmaßen aufgenommen werden. So werden die möglichen Extrempaarungen mit den kleinsten und größten nach Norm zulässigen Kegeln nicht erreicht.

Um den Einfluss der Einzugskräfte auf das statische Biegeverhalten untersuchen zu können, sind in den verwendeten Spindeldummys nicht kraftverstärkende Referenzspannsysteme eingesetzt worden. Aus dem Aufbau nach Abbildung 2.10 ist ersichtlich, dass der Spannsatz auf eine Zugstange aufgeschraubt ist, welche mit Dehnungsmessstreifen versehen ist und so in der Lage ist, die reale Einzugskraft zu messen.

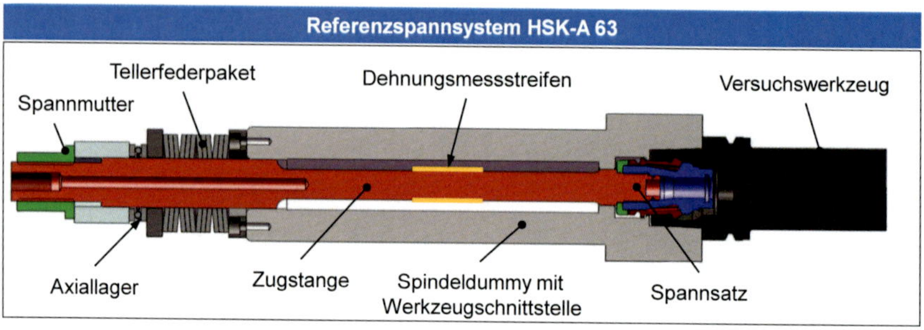

Abbildung 2.10: Spindeldummy mit Referenzspannsystem HSK-A 63 [MÜLL16]
Spindle dummy with reference clamping system HSK-A 63

Bei realen Spindeln wird die Spannkraft üblicherweise über ein Tellerfederpaket oder eine Schraubenfeder mit einer voreingestellten Länge aufgebracht, welche durch einen Lösezylinder zum Werkzeugwechsel gestaucht wird. Bei Spindeldummys wird über die Spannmutter gelöst und gespannt, so dass die Einzugskraft mit geringem Aufwand eingestellt werden kann. Die Spannmutter wird über ein Axiallager entkoppelt und kann somit keine Torsionsmomente in die Messstelle einleiten. Das optionale Tellerfederpaket hinter dem Axiallager erlaubt es, die Spannsystemsteifigkeit nach Bedarf einzustellen.

Der Aufbau der Spindeldummys ermöglicht die Untersuchung des Einflusses der Einzugskräfte auf das Biegeverhalten von Werkzeugschnittstellen. Den Haupteinfluss, den die Einzugskraft auf das Verhalten von Werkzeugschnittstellen mit Planauflage hat, zeigt Abbildung 2.11.

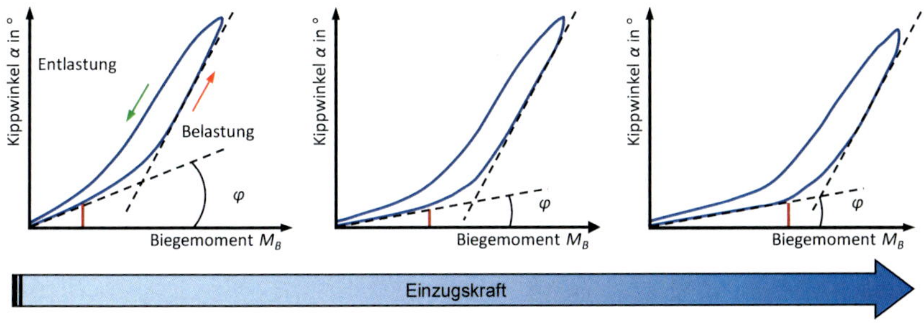

Abbildung 2.11: Einfluss der Einzugskraft auf die Biegekennlinie [BREC19b]
Draw in force influence on the bending curve

Mit steigender Einzugskraft sinkt die Steigung im ersten linearen Bereich zunächst, bis sie annähernd konstant bleibt. Damit geht einher, dass die Biegesteifigkeit k_B eine Sättigung erfährt. Wird die Einzugskraft darüber hinaus gesteigert, verschiebt sich das kritische Biegemoment $M_{B,krit}$ zu höheren Werten. Diese Regelmäßigkeit wurde an Plananlageschnittstellen der Baugröße 63 abgeleitet und anhand der Kennwerte belegt. [MÜLL16]

Bei Werkzeugschnittstellen der Baugrößen 32 konnte diese Sättigung im untersuchten Einzugskraftbereich nicht beobachtet werden [BREC20c]. In der Baugröße 100 ist die Sättigung bei PSC bei hohen Einzugskräften von 100 und 120 kN zu beobachten, welche beim HSK nicht untersucht wurden. Hier stellte sich auf einem höheren Steifigkeitsniveau bis 80 kN keine Sättigung ein. [BREC19c] Da die marktüblichen Einzugskräfte eher linear mit der Baugröße skalieren, die Plananlagefläche hingegen quadratisch, weist dies auf einen Zusammenhang mit der Flächenpressung hin, der bisher nicht belegt wurde.

Eine Darstellung der Abhebemomente M_{Ab} in [BREC19b] für die HSK Baugrößen 32 bis 125 mit verschiedenen Einzugskräften zeigt ebenfalls das Ansteigen des Abhebemoments mit steigender Einzugskraft bei allen untersuchten Baugrößen. Das Abhebemoment M_{Ab} liegt entsprechend der Regel $M_{B,krit} \approx 0{,}7 \cdot M_{Ab}$ höher als das kritische Abhebemoment [BREC15b] und lässt sich somit überschlägig mit den Werten der neueren Auswertemethodik vergleichen.

Um realitätsnahe Aussagen über das Verhalten der Biegesteifigkeit unter Drehzahl zu erhalten, wurden in [WECK99] Stichprobenversuche an HSK-A 63 unternommen. Diese wurden mit einer absoluten Wegmessung mittels Wirbelstromsensoren von einem stehenden Ring auf eine rotierende Scheibe am Greiferbund erzeugt. Zum Einsatz kam eine HSC-Spindel mit einem kaftverstärkenden Spannsatz ohne die Möglichkeit zur direkten Einzugskraftmessung. Über die Drehzahlstufen 0, 5.000, 10.000 und 13.000 min^{-1} steigerte sich das Abhebemoment von 440 auf 490, 510 und 520 Nm. [WECK99] Der Versuchsaufbau mit der absoluten Wegmessung bedingt, dass in die gemessenen Verlagerungen ebenfalls die Einflüsse von Prüfstand und Spindel sowie insbesondere ihrer Lagerung eingehen. Damit kann nicht sicher zwischen dem Verhalten des HSK, des Spannsatzes und des Prüfaufbaus unterschieden werden.

Statische Torsionseigenschaften

Neben den statischen Biegeeigenschaften haben die statischen Torsionseigenschaften einen hohen Stellenwert in der Beurteilung von Werkzeugschnittstellen. Für Anwendungen mit rotationssymmetrischen Werkzeugen unter Drehzahl ist die genaue Lage der Schneiden nicht von Bedeutung. Werden dieselben Werkzeugschnittstellen bei Bearbeitungsprozessen ohne Rotation wie Stoß- oder Drehprozessen oder Gewindeschneiden ohne Ausgleichsfutter eingesetzt, ist die Rotationslage des Werkzeugs relativ zur Spindel wichtig. Um die statischen Torsionseigenschaften bestimmen und verschiedene Schnittstellen unterscheiden zu können, wurden hierzu Untersuchungsmethoden entwickelt und Kennwerte abgeleitet. Die Untersuchungen erfolgten bei LEMBKE, SCHUBERT und REINARTZ mit Prüfständen, die dem aus Abbildung 2.12 ähneln, jedoch lediglich einen einfachen Hebelarm zur Einleitung des Torsionsmomentes verwenden, so dass hier eine Überlagerung von Biege- und Torsionsmoment vorliegt. WAGNER und MÜLLER setzen den Prüfstand nach Abbildung 2.12 mit einem Stehlager und einer Kupplung ein, die eine querkraft- und biegemomentenfreie Einleitung des Torsionsmomentes erlaubt. Diese wird über einen Hebelarm von einem Hydraulikzylinder erzeugt, an welchem eine Kraftmessung erfolgt, sodass zwar die Gewichtskräfte des Hebelarms kompensiert werden, die Reibung in den Stehlagern allerdings in die Messung eingehen. An einem Messring auf dem Greiferbund montierte Wegsensoren erfassen die Verdrehung des Werkzeugs relativ zur Aufnahme.

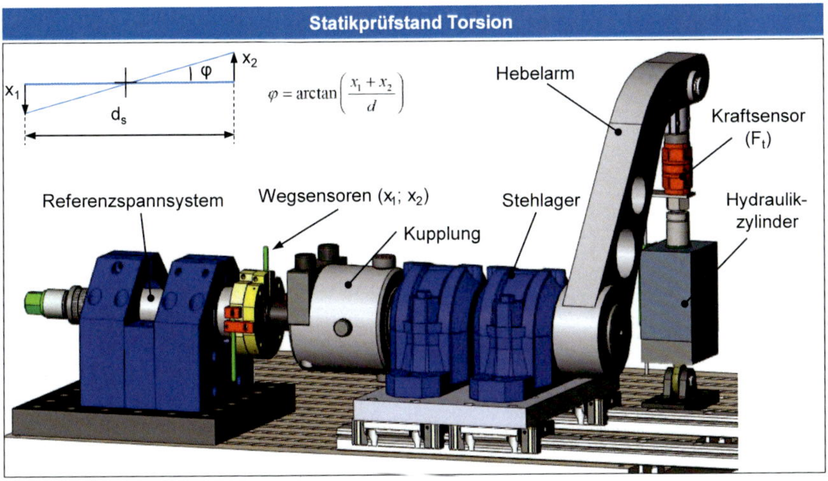

Abbildung 2.12: Statikprüfstand Torsionskonfiguration [MÜLL16]
Statics test bench in torsion configuration

Der ermittelte Winkel φ ist der Verdrehwinkel α_T und wird über dem Torsionsmoment M_T aufgetragen. So ergeben sich die in Abbildung 2.13 dargestellten Torsionskennlinien. Ausgehend vom Ursprung beginnt ein Bereich, in dem Haftreibung an Kegel und Plananlage das Werkzeug in seiner Rotationslage halten (1). Wird das Losbrechmoment M_L überschritten, beginnt das Werkzeug zu rutschen, bis es mit Erreichen des Rutschmomentes M_R bis zur Anlage am gegenüberliegenden Mitnehmer durchrutscht (2). An diesem bildet sich nachfolgend eine vollständige Anlage aus (3). Es schließt sich ein linearer Bereich (4) an, in dem die Elemente elastisch einfedern. In diesem Bereich ist die Torsionssteifigkeit k_T definiert. Bei Lastumkehr baut sich die elastische Einfederung langsam ab, und nachdem das Losbrechmoment in die andere Richtung erreicht wird, rutscht das Werkzeug in Gegenrichtung durch. Aus dem senkrechten Kurvenabschnitt kann nun das Verdrehspiel S bestimmt werden [BREC16b].

Bei Werkzeugschnittstellen, die kein Verdrehspiel aufweisen, weil sie beispielsweise eine formschlüssige Torsionsmomentenübertragung über einen unrunden Kegel erlauben, weist die Kurve keinen Bereich des Durchrutschens auf, sondern geht direkt in den linearen Bereich des Einfederns über.

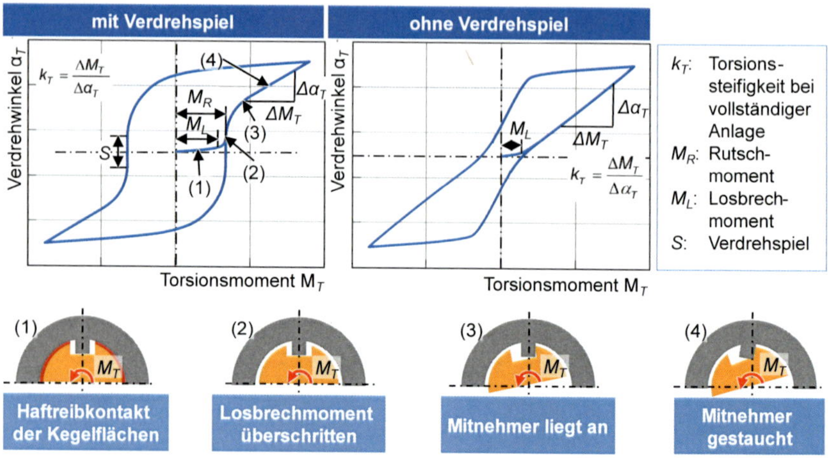

Abbildung 2.13: Torsionskennlinien von Werkzeugschnittstellen [nach BREC16b]
Characteristic static torsion curve

Das Verdrehspiel ist insbesondere für die Einsatzmöglichkeiten der Werkzeugschnittstelle bei statisch stehenden Werkzeugen von Bedeutung, wie die Entwicklung des HSK-T und seine Anwendungsfelder zeigen [SCHO10]. Daher hat das statische Torsionsverhalten insbesondere im Bereich der Drehmaschinen und Drehfräszentren eine hohe Bedeutung.

2.4 Untersuchungen von Werkzeugschnittstellen unter Rotation

Investigations of tool interfaces under rotation

Neben den statischen Kennwerten, die zur Charakterisierung und zum objektiven Vergleich der Werkzeugschnittstellen dienen, sind auch die Eigenschaften der Werkzeugschnittstellen unter Rotation von zentraler Bedeutung für den sicheren Einsatz von Werkzeugen. Insbesondere die Bestimmung von Drehzahlgrenzen für den HSK war im Rahmen der Entwicklung des HSK ein zentrales Arbeitspaket eines Arbeitskreises am WZL [VDMA05]. Es wurden Untersuchungen zur Grenzdrehzahl für HSK-A 50, HSK-A 63 und HSK-E 63 mit verschiedenen Methoden durchgeführt. Dabei wurden zwei Kriterien zur Bestimmung der Grenzdrehzahlen herangezogen:

- Kriterium 1: Überschreiten der maximal zulässigen Vergleichsspannung
- Kriterium 2: Verlust der radialen Führung im vorderen Kegelbereich nah der Plananlage

Diese Kriterien wurden in verschiedenen Arbeiten angewandt [SCHU94; VDMA05; WECK99], wobei für den Fall des HSK-A 50 stets das zweite Kriterium für die Grenzdrehzahl entscheidend ist [SCHU94]. Für die Untersuchungen des HSK-A 63 und des HSK-E 63 wurde von einer maximal ertragbaren Vergleichsspannung nach von Mises von 520 N/mm² für Werkzeuge aus 16MnCr5 ausgegangen [WECK99], welche nach Abbildung 2.14 lediglich im Falle des HSK-A 63 überschritten wird.

Form	Passung	Kriterium	Grenzdrehzahl
HSK-A 63	worst case	radiales Spiel an der Plananlage	22.500 1/min
	best case	Überschreiten der Vergleichsspannung	27.500 1/min
HSK-E 63	worst case	radiales Spiel an der Plananlage	25.000 1/min
	best case	radiales Spiel an der Plananlage	37.500 1/min

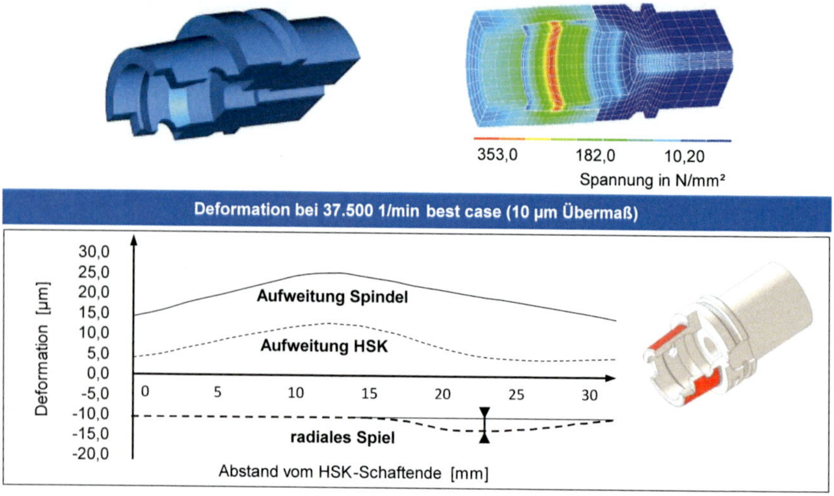

Abbildung 2.14: Grenzdrehzahlen der HSK-A und -E-Schnittstelle in der Baugröße 63 [BREC19b]
Speed limits of the HSK-A and -E interface size 63

Bei den Untersuchungen wurden die Fertigungstoleranzen des HSK simulativ abgebildet und so die Paarungen mit maximalem und minimalem Übermaß im Kegel als best und worst case abgebildet. Wie in Abbildung 2.14 dargestellt, wurden die Aufweitungen von Spindel und HSK miteinander verglichen und mit dem Übermaß verrechnet, so dass sich das radiale Spiel bezogen auf die Kegellänge darstellen lässt.

Für die Einflussfaktoren, die die Höhe der Grenzdrehzahl bestimmen, wurden folgende Abhängigkeiten herausgestellt [SCHU94]:

- Ein größeres radiales Übermaß führt zu einer höheren Grenzdrehzahl.
- Ein längerer Spindelkegel führt zu einer höheren Grenzdrehzahl.
- Ein größerer Spindelaußendurchmesser senkt die Grenzdrehzahl.
- Ein HSK ohne Mitnehmernuten hat eine höhere Grenzdrehzahl als ein HSK mit Nuten.

Diese Einflussfaktoren zeigen, dass die Grenzdrehzahl für jede Spindelkonstruktion erneut bestimmt werden müsste, da Spindelaußendurchmesser und der Aufbau mit eventuellen HSK-Flanschen oder -Hülsen sowie die Länge des geschliffenen Spindelkegels variieren können.

Die Simulationsmethodik wurde für die oben gezeigten Ergebnisse durch Versuche an einer HSK-A 50-Spindel und einem Werkzeug verifiziert. Hierzu wurden die Aufweitungen der Spindel und des Werkzeugs einzeln mit einem berührungslosen Wegmesssystem unter Drehzahl aufgenommen. In das Werkzeug wurden Stücke von Spannfingern eingeklebt, sodass der Fliehkrafteinfluss der Spannfinger erfasst werden konnte, jedoch keine Spannkraft aufgebracht wurde.[SCHU94]

Der Einfluss der geschliffenen Kegellänge in der Spindel auf die Aufweitung des HSK ist in Abbildung 2.15 dargestellt. Nach der Norm muss der Kegel in der Spindelaufnahme mindestens 19,9 mm ab Plananlage durchgehend geschliffen sein, darf aber auch auf voller Länge geschliffen sein [DIN08b]. Der Hintergrund liegt in der Herstellung der Mitnehmernutensteine, die entweder direkt bei der Herstellung der Spindelwelle gefräst werden oder aber nach dem Schleifen des Kegels als zusätzliches Element in die Spindel eingebracht werden. Im ersten Fall ist das Schleifen einer durchgehenden Kegelfläche nicht möglich, daher hat der Werkzeugkegel im Bereich der Mitnehmernuten keine Abstützung in der Spindel.

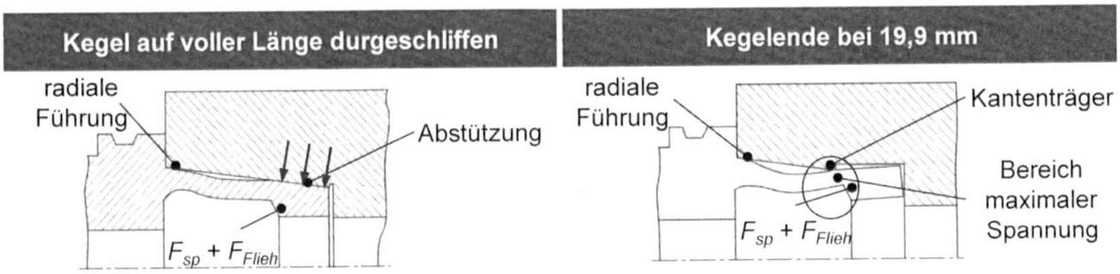

Abbildung 2.15: Einfluss der Kegellänge auf die Grenzdrehzahl nach [SCHU94]
Influence of the cone length on the speed limit

Daraus resultierend kommt es zu einem Tragen des Kegels an der Kante und einer Verformung der beiden Kegelteile zwischen den Mitnehmernuten unter Fliehkraft. Daraus resultiert auch eine unterschiedliche Verformung des restlichen Kegels.

Das Verhalten unter hohen Drehzahlen des HSK wurde intensiv während der Entwicklung und Einführung des HSK untersucht. Für die marktbegleitenden Schnittstellen SK, PSC und TS ist dies nicht im gleichen Umfang erfolgt.

Für den SK wurde der Verlust der radialen Führung simulativ vergleichend zum HSK untersucht. Es wurden die Aufweitungen von Spindel und Werkzeug bis zu einer Drehzahl von 30.000 min^{-1} miteinander verglichen. Eine Aussage über das radiale Spiel wurde hier explizit nur für die maximale Drehzahl getroffen, sodass hier am kleinen Durchmesser ein Spiel von rund 4,5 µm und an der Spindelnase von circa 7 µm zu erwarten ist. Aus den Diagrammen in [WANG04] ist ersichtlich, dass es ab einer Drehzahl von 10.000 min^{-1} zum Verlust der radialen Führung kommen kann. Die Aufweitung am großen Durchmesser ist stets größer als am kleinen Kegelende, so dass die Positionierungsgenauigkeit stets beeinträchtigt ist. Durch die Aufweitung des Kegels und die fehlende Plananlage rutscht das Werkzeug durch die Einzugskraft tiefer in die Spindelaufnahme, so dass auch die axiale Positioniergenauigkeit durch die Fliehkrafteffekte verringert wird. [WANG04] Eine Grenzdrehzahl wird nicht definiert.

Für PSC und TS sind keine Untersuchungen zum Hochdrehzahlverhalten und hinsichtlich der Drehzahlgrenzen bekannt. Eine Marktrecherche zeigt, dass die Schnittstellen vorwiegend bei geringeren Drehzahlen eingesetzt werden. Zudem haben die Schnittstellen nach eigenen Angaben einen Schwerpunkt in der Verwendung als Schnittstellen für die Drehbearbeitung oder Schwerzerspanung. Daher sind ähnliche Untersuchungen wie beim HSK nicht angestrebt worden.

SCHUBERT zeigte anhand von Nachgiebigkeitsfrequenzgängen, dass sich durch den Einsatz der Doppelzylinder-Hohlschaft HSZ-80 (Entwicklungsversion des späteren HSK nach DIN-Vornorm 69892) eine um 42 % verbesserte statische Gesamtsteifigkeit eines exemplarischen Bearbeitungszentrums gegenüber SK-A 40 erreichen lässt. Anhand analytischer Berechnungen wird gezeigt, dass der Einfluss der Werkzeugschnittstelle auf die Gesamtsteifigkeit stark von der Steifigkeit der Werkzeugmaschine abhängig ist. [SCHU94]

Die Auswirkungen der Werkzeugschnittstelle auf das geometrische Ergebnis des Zerspanprozesses hat MÜLLER mit der Versuchsanordnung in Abbildung 2.16 vergleichend für HSK-A 63, PSC 63, SK-A 40 und TS 63 untersucht.

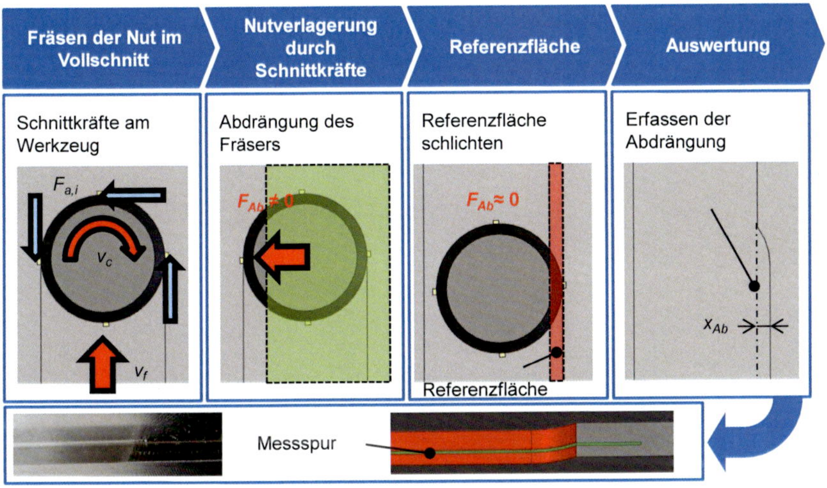

Abbildung 2.16: Erstellung von Abdrängversuchen [nach BREC17; MÜLL16]
Setup of displacement experiments

Bei den Abdrängversuchen wird eine Vollnut mit konstanter Tiefe, konstantem Vorschub und konstanter Drehzahl in ein Versuchsbauteil gefräst. Die Schneidenkräfte $F_{a,i}$ bilden eine resultierende Kraft F_{Ab}, welche orthogonal auf der Bahn steht und somit das Werkzeug von seiner programmierten, grün dargestellten Bahn abdrängt. In diese versetzte Nut, die aufgrund der Nachgiebigkeit der Maschine entsteht, wird nun in der gleichen programmierten Bahn nochmals gefräst. Da hier keine resultierende Kraft orthogonal zur Bahn entsteht, wird der Fräser nicht abgedrängt. Der Versatz zwischen der so erzeugten Referenzfläche und der Nut x_{Ab} wird gemessen und mit der gemittelten Schnittkraft quer zur Bahn im Diagramm wie in Abbildung 2.17 aufgetragen.

Beginnend mit einer Schnitttiefe von 2 mm bis zu 12 mm zeigt Abbildung 2.17 die Abdrängungen für die untersuchten Werkzeugschnittstellen. Durch die Werkzeuglänge von 100 mm ergibt sich neben der gemessenen mittleren Schnittkraft $F_{t,n}$ senkrecht zur Vorschubrichtung auch das berechnete Biegemoment $M_{B,x}$ auf die Werkzeugschnittstelle.

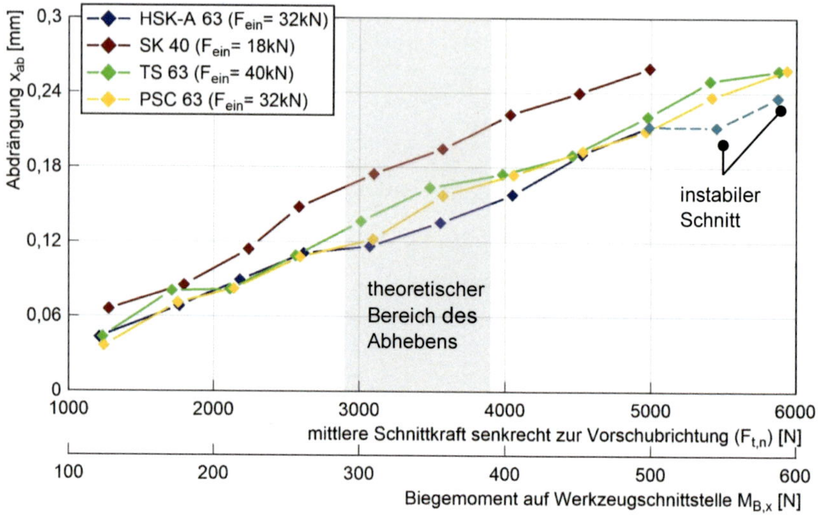

Abbildung 2.17: Abdrängung des Werkzeugs in Vorschubnormalrichtung bei variierenden Schnitttiefen [BREC17; MÜLL16]

Tool deflection in normal direction to feed at various cutting depths

Die Plananlageschnittstellen zeigen unabhängig von ihren unterschiedlichen Biegesteifigkeiten sehr ähnliche Abdrängkurven. Dagegen hebt sich die Abdrängkurve des SK deutlich ab und zeigt größere Abdrängungen. Beim SK ist keine Schnitttiefe größer 10 mm zu erreichen, beim HSK ist oberhalb dieser Grenze kein stabiler Schnitt mehr zu erreichen, was die Abweichung der Datenpunkte von der erwarteten Lage erklären kann.

Die Untersuchungen sind mit der Erwartung durchgeführt worden, dass sich das Abheben der Plananlagen in den Abdrängkennlinien zeigt. Der eingezeichnete theoretische Bereich des Abhebens umfasst die Spannweite der kritischen Biegemomente, die aus den Statikuntersuchungen bekannt sind. Diesen Untersuchungen nach müsste hier die Steifigkeit der Werkzeugschnittstellen rapide abfallen, was sich allerdings nicht in den Abdrängkurven widerspiegelt. [BREC17]

MÜLLER stellt den Abdrängkurven Ergebnisse aus Biegeversuchen am Statikprüfstand gegenüber und berechnet darauf basierend den Anteil der Werkzeugschnittstelle auf die Abdrängung und kann den größeren Einfluss des SK bestätigen. [MÜLL16]

2.5 Zusammenfassung und Zwischenfazit

Summary and conclusion

Die zahlreichen Untersuchungen an den bekannten Werkzeugschnittstellen und die Bestrebungen zur kontinuierlichen Weiter- und Neuentwicklung von Werkzeugschnittstellen zeigen deren Bedeutung für die statischen und dynamischen Eigenschaften von Werkzeugmaschinen.

Die Einordnung der Lastkollektive, mit denen spanende Fertigungsverfahren die Werkzeugschnittstelle belasten, zeigt, welche Bedingungen Relevanz für die Praxis haben und weitere Forschungstätigkeit rechtfertigen. Es stellt sich heraus, dass von den in 2.1 angenommenen Lastkollektiven insbesondere weder hohe noch geringe Drehzahlen in Kombination mit hohen Biegemomenten bisher ausreichend untersucht wurden.

Für das statische Verhalten von Werkzeugschnittstellen im Stillstand sind sowohl anerkannte Untersuchungs- und Auswertungsmethoden als auch eine große statistisch abgesicherte Datenbasis vorhanden. Die Erkenntnisse und Kennwerte aus diesen Untersuchungen können jedoch für eine Vielzahl von Prozessen, bei denen die Werkzeugschnittstelle in Rotation versetzt wird, nicht uneingeschränkt genutzt werden, da es keine Untersuchungen gibt, die ihre Validität unter den geänderten Bedingungen belegen oder widerlegen. Die bisherigen Untersuchungen zum statischen Verhalten unter Rotation haben keinen vergleichenden Charakter und bilden keine Datenbasis, die einen Vergleich der Werkzeugschnittstellen erlaubt. Zum einen wurde nicht mit vergleichbaren Methoden gearbeitet, wie sie bei den anerkannten statischen Versuchen genutzt wurden, und zum anderen wurden nicht alle relevanten Werkzeugschnittstellen betrachtet.

Eine Bestätigung, ob die etablierten Kennwerte auch bei rotierenden Werkzeugschnittstellen ihre Gültigkeit behalten, ist bisher nicht erfolgt. Hieraus leitet sich der Bedarf nach einer Untersuchung ab, in welcher geprüft wird, ob sich das Verhalten und die Kennwerte von Werkzeugschnittstellen unter Rotation von denen im Stillstand unterscheiden.

Für diese Untersuchung stehen keine Versuchsmethodik oder ein Prüfstandskonzept zur Verfügung, das ohne weitere Anpassung genutzt werden könnte.

Im Kontext der Untersuchung und Charakterisierung des statischen Verhaltens von Werkzeugschnittstellen sind erste Ansätze verfolgt worden, um die Bedeutung derselben für ihren Einsatz und ihren Einfluss auf die statischen Eigenschaften der gesamten Werkzeugmaschine und damit auch den Bearbeitungsprozess einordnen zu können. Der Nachweis konnte erbracht werden, dass die Werkzeugschnittstelle einen signifikanten Einfluss sowohl auf das geometrische Bearbeitungsergebnis in Form der Abdrängung als auch auf die Prozessstabilität hat. Bei den Untersuchungen wurde der Einfluss der Werkzeugschnittstelle auf die Gesamtsteifigkeit der Werkzeugmaschine unter Einbeziehung der Steifigkeit der restlichen Maschinenstruktur nicht untersucht.

Die Biegesteifigkeit wird als Kenngröße für die Optimierung der Werkzeugschnittstelle zu steigern versucht. Es wurde bisher keine Einordnung getroffen, in welchen Grenzen sich, ausgehend von den Bauraumbedingungen und den bestehenden Werkzeugschnittstellen, ein Optimierungspotenzial für Werkzeugmaschinen bietet.

Ebenso sind die als Grenzdrehzahlen bestimmten Kennwerte im Kontext der heute etablierten Bearbeitungsprozesse nicht uneingeschränkt weiter nutzbar, da sie in der Praxis ohne bekannte Nachteile überschritten werden. In der Anwendung führt dies zu der Irritation, dass eine Nutzung oberhalb der Grenzdrehzahlen unsicher sein könnte. Die Grenzdrehzahlen sind auf Basis von FEM-Simulationen ohne praktische Validierung anhand der materialabhängigen Vergleichsspannung und dem Verlust der radialen Führung an der Plananlage als Kriterien bestimmt worden. Hierbei wurden die Auswirkungen des Verlusts der radialen Führung nicht weiter diskutiert. Eine Betrachtung der Einflussparameter der Spindelkonstruktion wurde ebenfalls nicht durchgeführt, so dass die Drehzahlgrenzen auf Basis einer speziellen Spindelkonstruktion und eines Spannsatzes einen Allgemeingültigkeitsanspruch gewonnen haben.

Es leiten sich hieraus die Notwendigkeiten zur Diskussion und Validierung der Grenzdrehzahlkriterien ab. Zur Validierung des Kriteriums des Kegelabhebens ist eine Methode zur Untersuchung des Abhebens der beiden Kegelflächen voneinander notwendig, die geeignet ist, dies in normalen Maschinenspindeln zu untersuchen, ohne diese mechanisch verändern zu müssen.

Der Stand der Technik weist also drei Lücken auf, aus denen im Folgenden die Forschungsfragen für diese Arbeit formuliert werden.

3 Zielsetzung, Aufgabenstellung und Vorgehensweise

Objectives, Tasks and Modus Operandi

Anhand der im vorhergehenden Kapitel identifizierten und in Kapitel 2.5 zusammengefassten Handlungsbedarfe werden folgend die Ziele dieser Arbeit mit den hierzu erforderlichen Aufgaben erarbeitet und die Struktur der Arbeit erläutert.

Aus dem Stand der Technik lassen sich drei Fragestellungen formulieren, deren Beantwortung sich diese Arbeit widmet. Ziel der Arbeit ist, die meistgenutzten Werkzeugschnittstellen für rotierende Anwendungen in der Praxis effizienter einsetzen zu können und durch Kenntnis funktionaler Zusammenhänge in der Forschung und Anwendung auftretende Probleme identifizieren und lösen zu können.

Die erste Fragestellung gründet auf der Hypothese, dass sich das quasistatische Verhalten von Werkzeugschnittstellen unter Rotation von dem im Stillstand unterscheidet.

Um die erste Forschungsfrage, ob sich das quasistatische Verhalten von Werkzeugschnittstellen unter Rotation von dem im Stillstand unterscheidet, beantworten zu können, muss zunächst eine Methodik zur Untersuchung des statischen Verhaltens von Werkzeugschnittstellen unter Rotation entwickelt werden. Mit dieser Methode kann die eigentliche Forschungsfrage beantwortet werden. Da zur Beantwortung der Forschungsfrage die charakteristischen statischen Kennwerte bestimmt werden müssen, leitet sich hieraus ein untergliedertes Ziel ab, nämlich die Bestimmung und vergleichende Darstellung der statischen Biegekennwerte für einen niedrigen Drehzahlbereich, bei dem Fliehkräfte vernachlässigt werden können.

Die zweite Forschungsfrage widmet sich den Grenzdrehzahlen für HSK und den Kriterien, anhand derer die Grenzdrehzahlen festgelegt wurden. Hier ist das erste Ziel der Nachweis des Kegelabhebens bei HSK-A 63 unter hohen Drehzahlen. Hierzu werden die Änderung der Kontaktbedingungen in Werkzeugschnittstellen unter hohen Drehzahlen untersucht und diskutiert. Für den praktischen Nachweis wird eine Methode entwickelt, die die Untersuchung des Kegelabhebens in einer realen Spindel mit einem normkonformen Werkzeug erlaubt. Ziel der Arbeit ist neben dem Nachweis des Abhebens auch die Bereitstellung einer Methode, die es erlaubt, mit geringem Aufwand das Abheben des Kegels bei beliebigen Spindeln unter Drehzahl nachzuweisen.

Auf Basis des Ergebnisses der Untersuchungen werden die etablierten Grenzdrehzahlen diskutiert.

Die dritte Forschungsfrage bezieht sich auf den Einfluss der Werkzeugschnittstelle auf den Bearbeitungsprozess. Die Fragestellung untergliedert sich in die die beiden

Unteraspekte des statischen und dynamischen Maschinenverhaltens. Ziel ist es, über eine Methode zu verfügen, mit der der Einfluss der Werkzeugschnittstelle auf die Gesamtsteifigkeit einer Werkzeugmaschine im Tool-Center-Point gemessen und darauf basierend das Restpotential durch Steigerung der Werkzeugschnittstellensteifigkeit identifiziert werden kann. Da sich die Werkzeugschnittstelle gleichermaßen auf das statische und dynamische Prozessverhalten auswirkt, soll im Weiteren untersucht werden, wie sich die Werkzeugschnittstelle auf das Abdrängungs- und Stabilitätsverhalten einer Werkzeugmaschine auswirken kann.

Ziel ist es, Methoden zur Einschätzung des Einflusses der Werkzeugschnittstelle und der verwendeten Einzugskraft auf das Prozessverhalten zur Verfügung zu stellen und an Beispielmaschinen zu validieren.

4 Biegeverhalten von Werkzeugschnittstellen unter Rotation

Bending behavior of tool interfaces under rotation

Das statische Biegeverhalten von Werkzeugschnittstellen wurde bisher hauptsächlich ohne Berücksichtigung der umlaufenden Last, wie sie bei der Bearbeitung mit rotierendem Werkzeug entsteht, untersucht. Die Versuche von MÜLLER zum Verhalten von Werkzeugschnittstellen im Fräsprozess konnten keinen Nachweis für das Auftreten des charakteristischen Abhebens der Plananlage bei HSK, PSC und TS liefern, jedoch die unterschiedliche Biegesteifigkeit der Plananlageschnittstellen zum SK zeigen [MÜLL16]. Wie in [BREC15a; BREC16a] gezeigt wird, kommt es bei der Belastung von Werkzeugschnittstellen zu unsymmetrischen Pressungsverteilungen und Verformungen auf Kegel und Plananlageflächen und teilweise zu abgehobenen Bereichen. Durch die umlaufende Kraft, die ein rotierendes Werkzeug erfährt, verlagern sich diese Bereiche mit jeder Umdrehung, so dass sich die Kontaktbedingungen unter Rotation gegenüber den bekannten statischen Versuchen ändern. Dies soll im ersten Abschnitt des Kapitels erläutert werden.

Um die statischen Eigenschaften von Werkzeugschnittstellen unter Rotation charakterisieren zu können, wird in dieser Arbeit die bekannte Untersuchungsmethodik erweitert und hierzu ein Prüfstand entwickelt. Die Untersuchungs- und Auswertemethode sowie der Prüfstand werden im zweiten Abschnitt des Kapitels vorgestellt.

Im dritten Abschnitt werden die Versuchsbedingungen aus den bekannten statischen Versuchen auf ihre Nutzbarkeit in der Rotation geprüft und geeignete Versuchsbedingungen erarbeitet.

Die anschließende Untersuchung grundlegender Effekte der Rotation in Bezug auf das statische Verhalten wird teilweise ohne Einfluss der Plananlage am SK, hauptsächlich aber am HSK, als Beispiel einer Werkzeugschnittstelle mit Plananlage durchgeführt.

Im vierten Abschnitt werden die etablierten Werkzeugschnittstellen HSK, PSC und SK anhand von industriell einsetzbaren Maschinenhauptspindeln vergleichend untersucht und die Auswirkung der Rotation auf die statischen Kennwerte diskutiert.

4.1 Beschreibung der Kontaktverhältnisse bei der Biegung

Description of contact conditions during bending

Die Kontaktverhältnisse in Werkzeugschnittstellen sind durch die konstruktive Auslegung von Werkzeug und Aufnahme und die auf sie wirkenden Kräfte bestimmt. Zunächst wird die Übermaßverbindung aus Kegel und Plananlage durch die Einzugskraft F_{Ein} in den Grundzustand nach Abbildung 4.1 oben versetzt. Dies ist der eingezogene Zustand des Werkzeugs, in dem sich eine homogene Pressungsverteilung auf Plananlage und Kegel einstellt. Auf der Plananlage nimmt die Pressung bei real gefertigten Bauteilen zur Mitte hin ab, da die Plananlageflächen typischerweise so geschliffen werden, dass eine Anlage am größten Durchmesser sichergestellt wird. Die Pressungsverteilung im Kegel wird durch das unterschiedliche Kegelverhältnis von Aufnahme- (1:10 nach [DIN08b]) und Werkzeugkegel (1:9,98 nach [DIN11a]) so ausgebildet, dass eine Führung am größten Durchmesser gegeben ist und die Pressung zum Kegelende hin abnimmt. Hier kommt es auf Höhe der Spannschräge und des Endes des geschliffenen Kegels zu einem zweiten Bereich, in dem höhere Pressungen vorliegen.

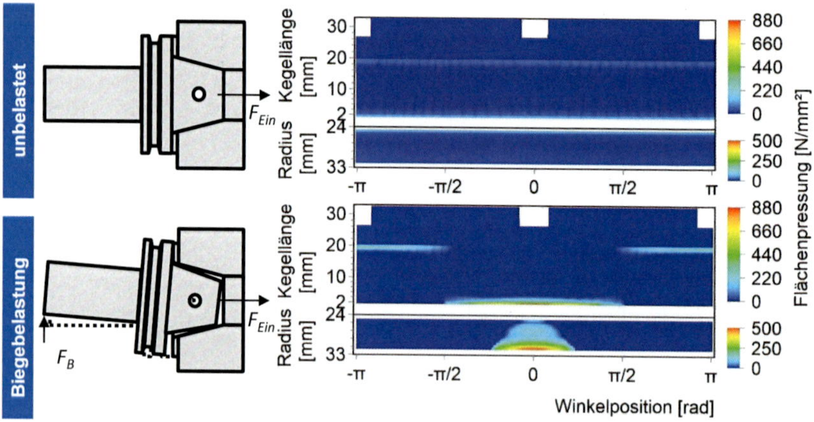

Abbildung 4.1: Veränderung der Kontaktbedingungen unter Biegung am Beispiel des HSK
Change of contact conditions under bending for the HSK as example

Durch das Aufbringen einer zusätzlichen Biegekraft F_B wird ein Biegemoment M_B in die Werkzeugschnittstelle eingeleitet. Dies führt zu einer Verkippung des Werkzeugs in der Aufnahme und damit zu einer inhomogenen Pressungsverteilung, welche in Abbildung 4.1 unten dargestellt ist. Bei Überschreiten des kritischen Biegemoments $M_{B,krit}$ hebt die Plananlage einseitig ab, so dass die Flächenpressung in der verbleibenden Kontaktzone steigt. Am Kegel zeigt sich, dass sich in Lastrichtung eine Pressungsüberhöhung am größeren Durchmesser ausbildet, genauso wie dies am Kegelende in entgegengesetzter Richtung der Fall ist. Die Darstellungen in Abbildung 4.1 sind mit einer FE-Simulation in Abaqus CAE erstellt worden.

Bei der Biegebelastung über das kritische Biegemoment hinaus kommt es zu Relativbewegungen zwischen beiden Kontaktpartnern und zu einer makroskopischen Verformung des Kegels. Dies führt dazu, dass neben einer inhomogenen Pressungsverteilung auch Spalte zwischen den Kontaktpartnern entstehen.

In Abbildung 4.2 ist ein HSK-A 63 dargestellt, welcher mit 18 kN Einzugskraft eingezogen wurde. Oben ist der Zustand ohne Biegebelastung und unten der Zustand unter Belastung mit einer Biegekraft F_B dargestellt, die ein Biegemoment M_B von 1.000 Nm in die Schnittstelle einleitet. Die obere rechte Abbildungshälfte zeigt die Abwicklung der Kontaktflächen am Kegel und der Plananlage als homogen geschlossenen Kontakt. Dagegen zeigt die untere rechte Bildhälfte, dass in weiten Teilen von Kegel- und Plananlagekontakt unter Biegebelastung makroskopische Spalte auftreten. In den linken Bildhälften sind die Eigenspannungen qualitativ dargestellt.

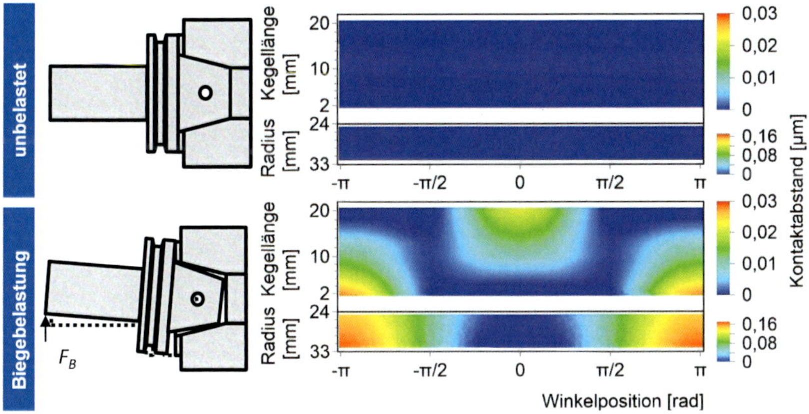

Abbildung 4.2: Kontaktbereiche am HSK unter Biegebelastung
Contact zones for the HSK under bending load

Unter Biegebelastung trägt also nicht die gesamte Kegelfläche, sondern nur anteilige Kontaktbereiche.

Im statischen Biegefall herrscht in den Bereichen, in denen Kontakt besteht, bei einem konstanten Biegemoment Haftreibung, solange es zu keiner weiteren Relativbewegung kommt.

Wird das System nun mit einer nicht ortsfesten, sondern umlaufenden Biegekraft F_B beaufschlagt, die um die Spindelachse rotiert, verlagern sich die Winkelpositionen der abgehobenen Bereiche nach Abbildung 4.2 genauso wie die Bereiche hoher Pressungen nach Abbildung 4.1 mit jeder Umdrehung. Dies ist beispielsweise bei einem Fräsprozess der Fall. Die Verlagerung der Kontaktzonen in Kombination mit der Deformation muss eine Relativbewegung der Kontaktpartner zueinander zur Folge haben. Dieses zyklische Verhalten der Werkzeugschnittstelle wird allgemein auch als Walken bezeichnet, da hier die Werkzeugschnittstelle permanent verformt wird.

Durch die rotierende Last kommt es zu zwei verschiedenen, überlagerten Bewegungen. Die erste entsteht durch das umlaufende Herausziehen des Kegels in axialer Richtung auf der lastabgewandten Seite. Gleichzeitig wird die Plananlage verformt und durch die aufgebrachten Querkräfte radial verschoben.

Durch die überlagerten Bewegungen kann unter Rotation keine reine Haftreibung vorliegen, so dass sich die Reibungskoeffizienten ändern und die statischen Eigenschaften vom Stillstand verschieden sein müssen.

4.2 Methodik zur Untersuchung

Methodology of the investigation

Um die Einflüsse der Rotation auf die Biegeeigenschaften von Werkzeugschnittstellen untersuchen zu können, wurde ein Prüfstand entwickelt, welcher es erlaubt, das Biegeverhalten von Werkzeugschnittstellen analog zu den in Kapitel 2.3 erläuterten Methoden unter Rotation zu untersuchen.

Der Schwerlastrotationsprüfstand nach Abbildung 4.3 erweitert die Untersuchungsmöglichkeiten des Statikprüfstands nach Abbildung 2.7 um die Möglichkeit, die Werkzeugschnittstelle mit umlaufender Biegebelastung zu untersuchen.

Abbildung 4.3: Schwerlastrotationsprüfstand zur Untersuchung des Biegeverhaltens
Heavy load rotation test bench for investigation of bending behaviour

Zur Umsetzung wurde das Nullspindelsystem aus einer Maschine vom Typ Heller H2000 nachgebildet. Bei diesem kommen fremdgetriebene Spindeln zum Einsatz, die sich zum einen schnell tauschen lassen und zum anderen die Möglichkeit bieten, vorhandene Maschinenspindeln zu nutzen und mit diesen einen Abgleich zwischen Prüfstandsversuchen und Versuchen auf der Maschine zu erzielen.

Der Antriebsmotor erlaubt höhere Drehzahlen als die für diese Untersuchungen vorgesehenen 5.000 1/min. Die hydraulische Belastungseinheit ist zur Aufbringung von Belastungen von 1.000 Nm Biegemoment in der Plananlageebene ausgelegt.

Den Aufbau des Prüfstands zeigt Abbildung 4.4 in einer Schnittdarstellung. In der Darstellung ist die HSK-A 63 Referenzspindelwelle dargestellt, welche - wie auch die Maschinenspindeln - in einer dem Spindelhals der Heller H2000 nachempfundenen Adapterhülse montiert ist, die selbst wiederum auf dem Prüfstandsbett befestigt ist. Über eine Klauenkupplung treibt der Motor die Spindel an.

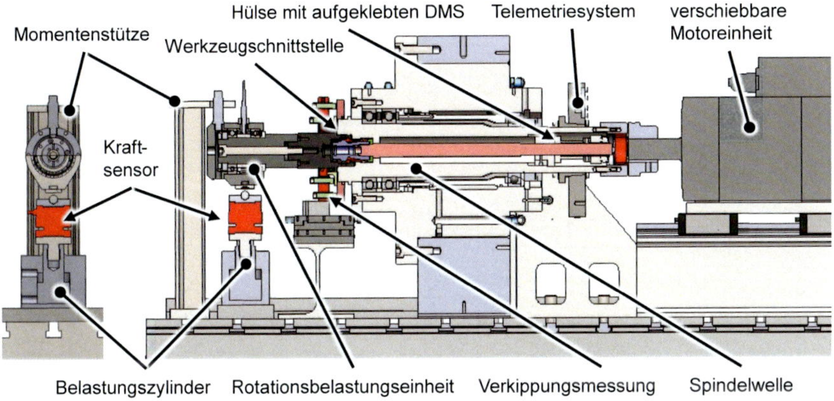

Abbildung 4.4: Schnittdarstellung des Schwerlastrotationsprüfstands mit HSK-A 63-Referenzspindelwelle
Cross section presentation of the heavy load rotation test bench with HSK-A 63 reference spindle shaft

Durch die Rotation von Spindel und Werkzeug kann das Messprinzip, wie es in Kapitel 2.3 beschrieben wurde, nicht in der gleichen Form angewendet werden. So kann hier nicht mit taktilen Sensoren in einem Messring auf dem Werkzeugbund direkt die relative Verkippung gemessen werden. Daher wird das Messverfahren zur Verkippungsmessung dahingehend modifiziert, dass sowohl auf der Spindelnase, als auch auf dem Werkzeugbund ein Messring aus Aluminium aufgeschrumpft und plangedreht werden. Diese dienen als Messfläche für Wirbelstromsensoren, die in einem statischen Messring auf zwei unterschiedlich großen Teilkreisen angebracht sind. So lassen sich die absoluten Verkippungen der Spindel und des Werkzeugs in der Plananlageebene einzeln erfassen. Aus der Differenz beider Kippwinkel kann wiederum der Kippwinkel des Werkzeugs relativ zur Spindel berechnet werden.

Ebenso kann die Einleitung der Biegekraft nicht direkt auf das Werkzeug erfolgen, so dass eine Rotationsbelastungseinheit zum Einsatz kommt, welche eine Schnittstelle ähnlich zu DIN 1880 [DIN20] aufweist, um diese auf Standard-Messerkopfaufnahmen mit Aufsteckfräserdorn nach DIN69882-2 [DIN05] montieren zu können. Sie verfügt über ein gelagertes Gehäuse, welches über eine Momentenstütze in der Rotationslage fixiert wird, so dass der Belastungszylinder querkraftfrei über eine Kugel die Biegekraft einleiten kann.

Die Maschinenspindeln verfügen über kraftverstärkende Spannsätze, welche über eine Zugstange mit Tellerfederpaket betätigt werden. Hier ist eine Messung und

Modifikation der Einzugskraft nicht direkt möglich. Daher wurde eine HSK-A 63-Referenzspindelwelle entwickelt, die in Abbildung 4.4 abgebildet ist. Diese verfügt über einen nicht kraftverstärkenden Spannsatz, welcher über eine Zugstange und eine Spannmutter betätigt wird. Im Kraftfluss liegt eine Hülse, auf welcher eine DMS-Vollbrückenschaltung die Einzugskraftmessung ermöglicht. Die Einzugskraft wird über ein Telemetriesystem aus der drehenden Welle zur Messdatenerfassung übertragen.

Für die Verwendung von Standardspindeln kann ein Lösezylinder montiert werden. Damit entfällt auch die Notwendigkeit, den Motor auf einem Schlitten zu montieren.

In Abbildung 4.5 sind die Steuerung und Messdatenerfassung des Prüfstands schematisch dargestellt.

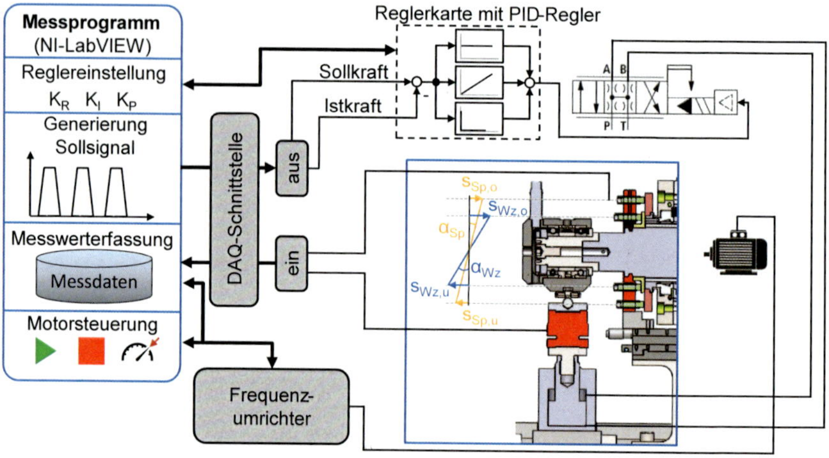

Abbildung 4.5: Schaubild zur Steuerung und Messdatenerfassung
Diagram for control and measurement data acquisition

Das Messprogramm ist in NI-Labview ausgeführt und wird auf dem Mess- und Steuerungsrechner ausgeführt. Dieses verarbeitet sämtliche Messsignale und gibt die Steuer- und Regelgrößen aus.

Das Subsystem der Belastungsaufbringung besteht aus der Vorgabe der Sollkraft, die aus vorgegebenen Biegemomentenrampen berechnet wird. Diese wird an eine digitale Achsensteuerung VT-HMC von Bosch Rexroth übergeben, welche über ein Servoventil den Belastungszylinder ansteuert. Durch die Rückführung der Ist-Kraft ist das System bei Vorgabe geeigneter Reglereinstellungen in der Lage, die Kraftrampen aufzubringen. Die Achsensteuerung kommt zum Einsatz, um das kraftfreie Anfahren des Belastungszylinders an die Belastungseinheit über die Ventilnormgeschwindigkeit geschwindigkeitsgesteuert vornehmen zu können und bei einer erreichten Soll-Kraft auf die Kraftregelung umzuschalten.

Die Erfassung der Messdaten erfolgt über ein National Instruments CompactDAQ System. Hier werden die Kraftsignale des DMS-basierten Kraftsensors und die

Wegsignale der vier Wirbelstromsensoren erfasst. Aus diesen Messdaten wird die Biegekennlinie nach Abbildung 2.8 berechnet.

Erfasst werden die Wegsignale der Sensoren, die im Abstand a_{Wz} auf die Spindel oben $s_{Sp,o}$ und unten $s_{Sp,u}$ sowie im Abstand a_{Sp} auf das Werkzeug oben $s_{Wz,o}$ und unten $s_{Wz,u}$ gerichtet sind. Die gemessene Biegekraft F_B wird mit der Länge des Hebelarms l_H multipliziert und ergibt das Biegemoment M_B. Der Kippwinkel α wird aus den einzelnen Kippwinkeln an Werkzeug α_{Wz} und Spindel α_{Sp} nach Formel 4.1 berechnet.

$$\alpha = \alpha_{Wz} - \alpha_{Sp} = \frac{s_{Wz,o} - s_{WZ,u}}{a_{Wz}} - \frac{s_{Sp,o} - s_{Sp,u}}{a_{Sp}} \tag{4.1}$$

Sowohl das Biegemoment, als auch der Kippwinkel werden im Anschluss geglättet und zu einer Biegekennlinie zusammengefasst.

Wie bei MÜLLER werden mehrere Werkzeuge mit verschiedenen Toleranzen untersucht und jeweils vier Versuche mit fünf Lastrampen gefahren. Die Biegekennlinien werden im Anschluss in Be- und Entlastungen zerlegt und in einem Array gespeichert. Die Daten werden auf eine einheitliche Länge gesampelt. Im Anschluss werden die mittlere Biegekennlinie und die 5% und 95% Konfidenzintervalle analog zu [MÜLL16] gebildet.

Anders als bei MÜLLER muss mit unterschiedlichen Datenerfassungsfrequenzen aufgezeichnet werden, um zum einen Aliasingfehler durch zu niedrige Erfassungsfrequenzen bei hohen Drehzahlen zu vermeiden, zum anderen aber auch Rechenzeiten und Speicherbedarf gering zu halten.

Die Speicherung der Daten erfolgt aufgrund des Speicherbedarfs der Messdaten in vernetzten Datenbanken vollständig in der Software FlexPro der Firma Weisang, in der auch eine durchgehende Auswertealgorithmik implementiert wurde.

In vorhergehenden Untersuchungen im Stillstand wurden die Schmierungsbedingungen für Werkzeugschnittstellen unter verschiedenen Aspekten betrachtet. Der Einfluss des Schmierungszustandes auf den Verschleiß beim Einzug wurde vergleichend untersucht und eine positive Wirkung einer Kühlschmierstoffemulsion auf den Verschleiß festgestellt [BREC16d]. Die Auswirkungen der Schmierung auf die statischen Eigenschaften von Werkzeugschnittstellen wurden empirisch und simulativ gezeigt [MÜLL16]. Insbesondere auf die statischen Torsionseigenschaften verschiedener Schnittstellen wurde ein signifikanter Einfluss nachgewiesen [BREC19c; BREC20a; BREC16c; BREC16b]

Schmierzustand

Um eine Vergleichbarkeit der Ergebnisse der geplanten Versuche mit dem Stand der Technik zu gewährleisten, sollten dieselben Versuchsbedingungen genutzt werden. Die Schmierungsbedingungen trocken und ölig mit einem leichten Hydrauliköl wurden hierzu am SK-A 40 untersucht. Wie in Kapitel 4.1 beschrieben, kommt es zum zyklischen Herausziehen des Kegels aus der Spindel und damit zu einer reibungsbehafteten Relativbewegung. Diese führt zu starkem Verschleiß beider Kontaktpartner, was in Abbildung 4.6 an der Spindelaufnahme (links), dem Werkzeugkontakt am größeren Durchmesser (mittig) und dem kleineren Durchmesser (rechts) dargestellt ist. Unter trockenen Bedingungen konnte pulverförmiger rostroter Abrieb aus der Spindelaufnahme und vom Werkzeug entfernt werden. Bei öligen Bedingungen trat eine Suspension aus Öl und rostroten Partikeln aus. Um die Verweildauer des Schmierstoffs im Spalt zu erhöhen und damit zum einen das Versuchsmaterial zu schonen, zum anderen auch konstantere Versuchsbedingungen zu schaffen, werden die Versuche unter Rotation mit gefetteten Werkzeugen durchgeführt.

Abbildung 4.6: Verschleiß am SK-A 40 nach trockenen und öligen Versuchsläufen
Wear on SK-A 40 after dry and oily test runs

Biegemoment

Werkzeugschnittstellen der Baugröße 63 wurden in vielen Untersuchungen bis 1.000 Nm Biegemoment belastet. Je nach Werkzeugschnittstelle liegt das kritische Biegemoment deutlich darunter, so dass die Schnittstelle während der Versuche im abgehobenen Bereich ist. Bei Versuchen unter Rotation führt dies jedoch mit jeder Umdrehung zu einem zyklischen Abgleiten der Kontaktflächen und damit zu dem zuvor betrachteten Verschleiß. Am SK-A 40, der kein definiertes Abhebemoment hat, kann gezeigt werden, dass der Betrag des Biegemoments einen direkten Einfluss auf diesen Verschleiß hat.

In Abbildung 4.7 sind die unterschiedlich starken Verschleißspuren am SK-A 40 dargestellt. Bei gleicher Belastungsdauer zeigt sich somit bei geringerem Biegemoment ein geringerer Verschleiß.

Abbildung 4.7: Verschleiß am SK-A 40 bei unterschiedlichem Biegemoment
Wear on SK-A 40 at different bending torques

Um dennoch das Abhebemoment der Plananlageschnittstellen messen zu können, wird für die Versuche ein maximales Belastungsmoment vom 800 Nm gewählt, welches das höchste nach Stichprobenversuchen zu erwartende kritische Biegemoment nur geringfügig überschreitet, da dies notwendig ist, um das kritische Biegemoment zu bestimmen.

Versuchsablauf

Bei der Versuchsdurchführung zeigt sich, dass mit steigender Wiederholungszahl die Gesamtverkippung im abgehobenen Bereich sinkt. In Abbildung 4.8 zeigen der zweite bis vierte Versuch nach dem Reinigen und Fetten des Werkzeugs zusätzlich auch ein geringfügiges Ansteigen des kritischen Biegemoments, wohingegen sich keine signifikanten Einflüsse auf die Steifigkeit zeigen.

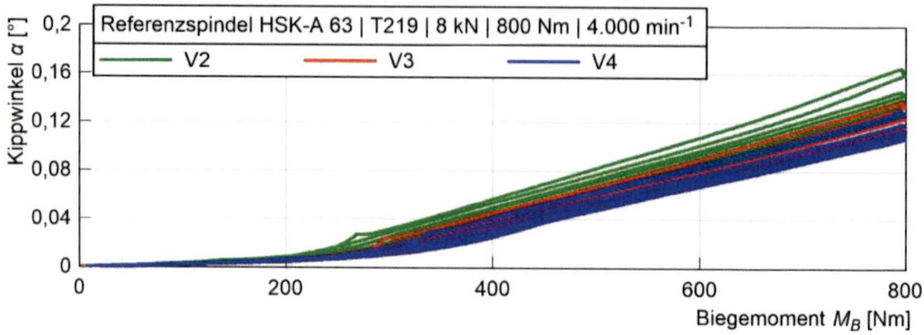

Abbildung 4.8: Absinken der Gesamtverkippung bei Wiederholung des Versuchs
Decrease of the total tilt when repeating the test

Aus den Kennlinien und den dazu beobachteten Verschleißbildern lässt sich schließen, dass das Fett sukzessive aus dem Kegelkontakt verdrängt wird und sich daran anschließend auch Verschleißspuren bilden. Somit wird der Reibwert im Kegelkontakt erhöht, wodurch die geringere Gesamtverkippung und die steigenden kritischen Biegemomente erklärt werden.

Nicht messtechnisch erfasst werden konnte, dass auch die Ausstoßkräfte steigen. Dies hat sich lediglich durch die Notwendigkeit gezeigt, beim Lösen der Werkzeuge zwischen den Versuchen größere Impulse auf das Werkzeug ausüben zu müssen (Verwendung größerer Schonhämmer).

Diese, wie auch die in Abbildung 4.9 mit Messdaten belegte Beobachtungen sind an der Sonderspindel mit Einzugskraftmessung gemacht worden. Die Messergebnisse zeigen, dass bei dem ersten Versuch nach dem Einsetzen des frisch gefetteten Werkzeugs die eingestellte Einzugskraft bei den ersten Biegebelastungen stark absinkt. Setzeffekte in Kegel oder Spannsystem entlasten die Spannstange. Durch das steife Spannsystem ohne Federelemente kann dieser Effekt in dem hier verwendeten Versuchsaufbau gezeigt werden, da kleinste Verlagerungen sofort einen großen Einzugskraftverlust bewirken. In realen Spindeln kompensiert das Federpaket derartige Verlagerungen, so dass die Einzugskraftänderung vernachlässigbar klein bleibt.

Nach dem Lösen und erneuten Spannen für die folgenden Versuche tritt das Phänomen nicht oder nur selten auf. Versuche, bei denen die Einzugskraft derart abfällt, werden nicht in die Versuchsauswertung aufgenommen und die Versuchsreihe wiederholt.

Aufgrund dieser Phänomene wurde folgender Versuchsablauf wie nachfolgend zusammengefasst gewählt.

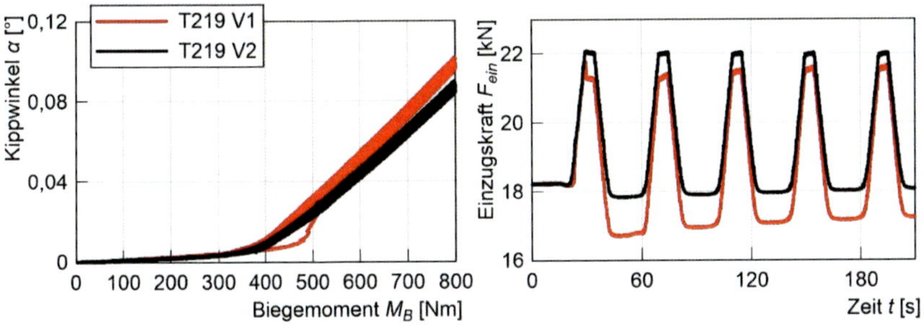

Abbildung 4.9: Einzugskraftverlust beim Erstversuch | HSK-A 63Referenzspindel | 2.000 min^{-1}
Loss of pull-in force during initial test | HSK-A 63 reference spindle | 2.000 min^{-1}

Der jeweiligen Norm entsprechende, aber nicht gezielt nach einer bestimmten Toleranzlage gefertigte Werkzeughalter werden in den Prüfstand eingebaut, je eine Messscheibe auf Spindel und Werkzeug aufgeschrumpft und diese dann Plan abgedreht. Das Werkzeug wird gereinigt, gefettet und in die Spindel eingesetzt, die Sensoren und die Rotationsbelastungseinheit nebst Belastungszylinder werden montiert. Unter Drehzahl werden die verbleibenden Lauffehler der Messscheiben aufgenommen und entsprechend der Winkellage in einem Array zur späteren Kompensation gespeichert. Die Spindel wird je nach Drehzahl warmgefahren und die erste Messung kann begonnen werden, die im Anschluss jedoch verworfen wird, da hier zunächst das Fett verdrängt wird. Die anschließenden drei Messungen, zwischen denen das Werkzeug gelöst und gespannt wird, gehen in die Messdatenbasis ein.

Dieser Ablauf wird repetitiv für alle Werkzeuge, Drehzahlen, Einzugskräfte und Werkzeugschnittstellen wiederholt.

4.3 Grundlegende Einflüsse der Rotation auf das statische Verhalten

Basic influences of rotation on the static behavior

Um einen Vergleich von Werkzeugschnittstellen unter Rotation erzielen zu können, müssen zunächst die grundlegenden Einflüsse der Rotation auf das statische Verhalten untersucht werden. Zu zeigen ist, ob charakteristische qualitative Eigenschaften die im Stillstand beobachtet wurden, auch unter Rotation auftreten und charakteristische Kennwerte unter Rotation signifikant abweichen.

Zur Untersuchung der grundlegenden Einflüsse der Rotation auf das statische Biegeverhalten von Werkzeugschnittstellen wurde in Analogie zu den statischen Versuchen im Stillstand, bei denen Referenzspannsysteme verwendet wurden, eine HSK-A 63-Referenzspindelwelle eingesetzt. Anders als die für die weiteren Untersuchungen eingesetzten Maschinenspindeln hat die in Abbildung 4.4 dargestellte Spindelwelle keine segmentierte Plananlage und besitzt anstatt eines kraftverstärkenden Spannsatzes ein Referenzspannsystem ohne Kraftverstärkung. Das nicht kraftverstärkende Referenzspannsystem wird über eine Spannstange und eine Wellenmutter betätigt und nicht wie in einer Spindel üblich über ein Federpaket. Der Kraftfluss wird von der Spannstange über die Wellenmutter in eine Kraftmesshülse geleitet, welche mit Dehnungsmessstreifen ausgestattet ist und so die permanente Messung der Einzugskraft auch während der Belastung erlaubt.

So kann für die Untersuchung der grundlegenden Effekte nicht nur die vorliegende Einzugskraft gemessen, sondern durch die Spannung per Wellenmutter auch vergleichsweise einfach eingestellt werden.

Als indirekter Nachweis für die geänderten Kontaktbedingungen gilt im Folgenden die Veränderung der Biegekennlinie bei einsetzender Rotation. Abbildung 4.10 zeigt drei Biegekennlinien eines Werkzeugs im gleichen Schmierzustand bei drei verschiedenen Drehzahlen.

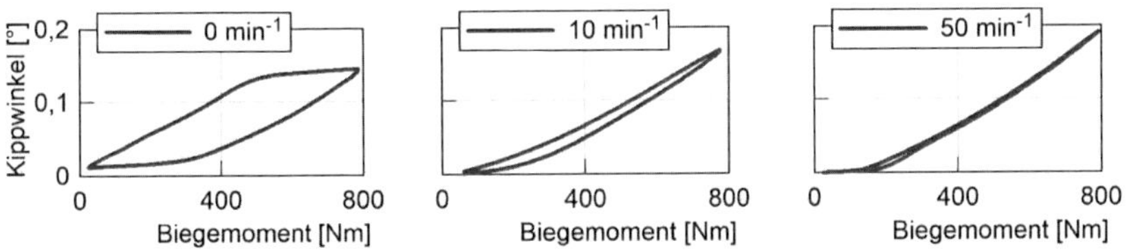

Abbildung 4.10: Hysterese, initiale und maximale Verkippung unter Drehzahl | HSK-A 63
Hysteresis, initial and maximum tilt under rotation | HSK-A 63

Aus den Messdaten lassen sich drei wesentliche Erkenntnisse ableiten:

- Die Hysterese, die zwischen Be- und Entlastung im Stillstand zu erkennen ist, ist bei einer Drehzahl vom 10 min^{-1} sehr stark reduziert. Schon ab einer Drehzahl von 50 min^{-1} sind Be- und Entlastung nahezu deckungsgleich.
- Die aus vorherigen Untersuchungen im Stillstand bekannte initiale Verkippung am Kurvenbeginn wird unter Rotation nicht beobachtet.
- Mit der beginnenden Rotation steigt die maximale Verkippung im abgehobenen Bereich an.

Diese drei Beobachtungen belegen die Hypothese, dass durch die Rotation und das Abwälzen des Werkzeugkegels unter Last andere Reibungsbedingungen in der Werkzeugschnittstelle herrschen als dies im Stillstand der Fall ist. Die Beobachtungen aus Kapitel 4.2 zum Verschleiß der Versuchskörper zeigen, dass der Reibverschleiß die verringerte Hysterese erklärt. Genauso wirkt sich die Rotation auf die Biegekennlinien wie eine quasi Reduktion des Reibkoeffizienten aus, so dass keine initiale Verkippung besteht und die maximale Verkippung größer wird.

Der Wegfall der initialen Verkippung und der Hysterese zwischen Be- und Entlastung zeigt sich in Abbildung 4.11 ebenfalls am SK-A 40 bei Drehzahlen größer Null.

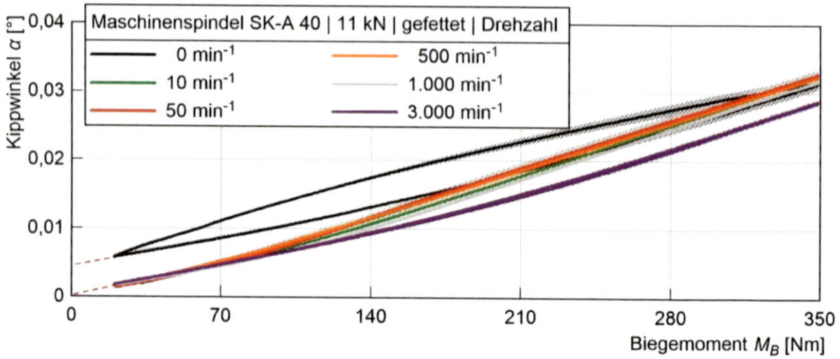

Abbildung 4.11: Hysterese, initiale und maximale Verkippung unter Drehzahl | SK-A 40
Hysteresis, initial and maximum tilt under rotation | SK-A 40

Werden die Kurven bei Stillstand und einer beliebigen Drehzahl, wie rot gestrichelt dargestellt, extrapoliert, zeigt sich hier deutlich, dass ohne die Rotation eine verbleibende initiale Verkippung zurückbleibt, die bereits auf die Reibung im Kegel zurückgeführt wurde. Dass Ausbleiben dieser Verkippung zeigt erneut, dass sich die Rotation hier wie eine Reduktion des Reibkoeffizienten in der Modellwelt der Statik im Stillstand auswirkt.

In Abbildung 4.12 sind die Versuchskomponenten neu und im verschlissenen Zustand dargestellt. Wie zuvor schon am Beispiel des SK gezeigt, bilden sich unter Rotation auch am HSK Verschleißspuren aus.

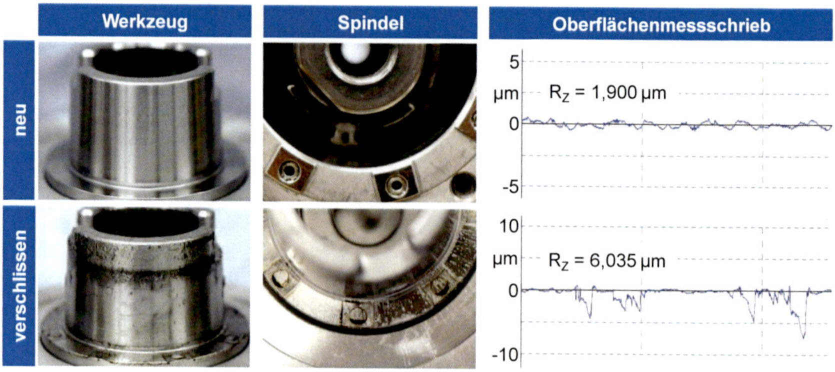

Abbildung 4.12: Deutlicher Reibverschleiß an Plananlage und Kegelfläche
Significant friction wear on flange contact and taper surface

Neben den Verschleißmarken am Kegelende zeigen sich auch deutliche Spuren an der Plananlage (hier segmentiert, da Maschinenspindelwelle). Im hier dargestellten

Zustand verschlechtert sich durch die Versuche die mittlere Rautiefe R_Z von 1,9 µm auf 6,0 µm. Bei weiter verschlissenen Werkzeugen konnten einzelne lokal begrenzte Ausbrüche zwischen 100 µm und 200 µm Tiefe beobachtet werden.

Auffällig ist, dass die deutlichsten Spuren am Kegelende auftreten, was eine Unterscheidung zum Verschleiß durch das Einziehen des Werkzeugs ermöglicht, wo die Verschleißmarken auf der gesamten Kegelfläche auftreten [BREC16d]. Bei den Einzugsversuchen liegt theoretisch ein vollflächiger gleichmäßiger Kontakt (vgl. Abbildung 4.2 oben) vor. Daher lassen sich so auch die gleichmäßigen flächigen Verschleißmarken erklären. Die Verschleißmarken und deren Lage, die sich in den Biegeversuchen unter Rotation ausbilden, bestätigen die Annahme der veränderten Kontaktbedingungen mit den zwei tragenden Bereichen nach Abbildung 4.2 unten.

Ebenfalls bilden sich hier deutliche Verschleißmarken an den lasttragenden Flanken der Mitnehmernuten aus. Dies belegt das axiale Herausziehen des Werkzeugs aus der Spindelaufnahme und deutet darauf hin, dass sich die Werkzeuge an den Nutensteinen anlegen.

Das axiale Herausziehen des Werkzeugkegels aus der Spindel lässt sich Dank des nicht kraftverstärkenden Spannsystems und der steifen Zugstange anhand der steigenden Zugstangenkraft nachweisen. Im linken Teil von Abbildung 4.13 sind die gemessenen Verlagerungen an Werkzeug und Spindel, das Biegemoment und die Zugstangenkraft für einen Biegebelastungszyklus dargestellt. Bekannt ist, dass die Verlagerung des Werkzeugs am unteren Sensorpaar bei 180° größer ist als am oberen Sensorpaar bei 0° (vgl. Abbildung 4.5), da dort das Werkzeug aus der nicht durchgeschliffenen Aufnahme gezogen wird. Dies zeigt sich ebenfalls in dem Verlauf der Zugstangenkraft, der dem Biegemoment folgt.

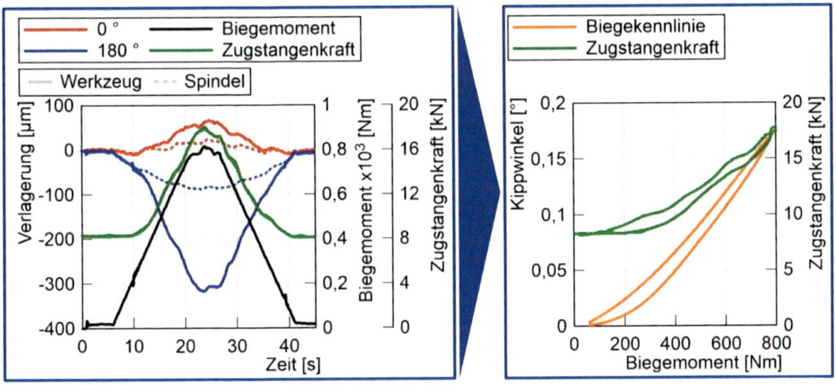

Abbildung 4.13: Biegebelastung und Zugstangenkraft | HSK-A 63-Referenzspindel
Bending load and pull rod force | HSK-A 63 reference spindle

Im rechten Teil der Abbildung 4.13 ist der Verlauf der Zugstangenkraft der Biegekennlinie gegenübergestellt. Auch hier zeigt sich, dass beide Kurven einen ähnlichen Verlauf nehmen.

Um den Einfluss der Einzugskraft auf das Biegeverhalten unter Rotation untersuchen zu können, wird die HSK-A 63 Referenzspindel genutzt, da es diese im Vergleich zu den Maschinenspindeln erlaubt, die Einzugskraft schnell und exakt einzustellen. Drei Versuchswerkzeuge T214, T216 und T219, die durch eine Messung auf einer Koordinatenmessmaschine als normkonform bestätigt wurden, sind bei den Versuchen zum Einsatz gekommen.

Für die Untersuchung allgemeiner Einflüsse der Rotation auf den HSK-A 63 wurden Einzugskräfte vergleichbar zu vorherigen Untersuchungen gewählt. Darüber hinaus wurde auch eine Einzugskraft von 8 kN gewählt, bei der die Plananlage kaum trägt und der Kegel das Biegeverhalten maßgeblich beeinflusst.

Die Kennlinien in Abbildung 4.14 zeigen den Einfluss der beginnenden Rotation auf den Kurvenverlauf der Biegekennlinien, in dem von 0 min^{-1} über 10 min^{-1} auf 50 min^{-1} die Hysterese schrumpft.

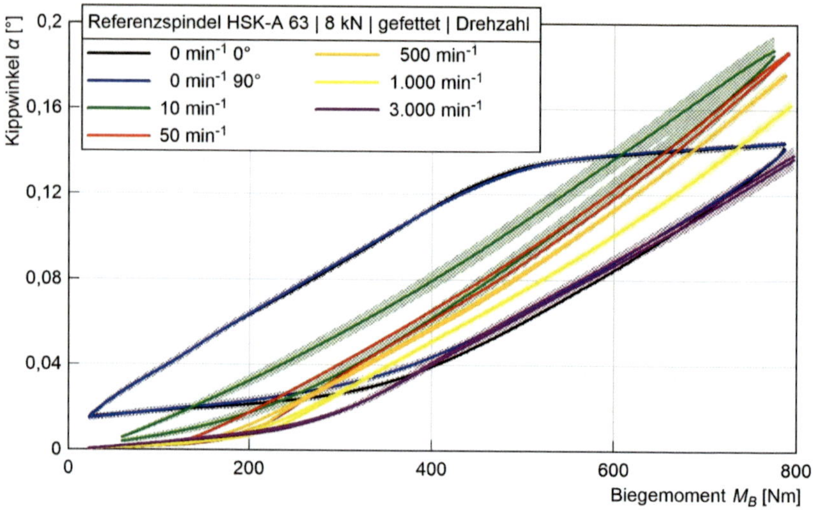

Abbildung 4.14: Drehzahlvergleich für HSK-A 63 bei 8 kN Einzugskraft
Rotational speed comparison for HSK-A 63 at 8 kN pull-in force

Sobald die Drehzahl weiter gesteigert wird, sinkt die maximale Verkippung und das Ende des linearen Bereichs verschiebt sich zu höheren Momenten. Da bei 8 kN Einzugskraft quasi nur das Verhalten des Kegels gezeigt werden kann, aber keine praktisch anwendbare Einzugskraft vorliegt, zeigt Abbildung 4.15 die gleichen Drehzahlstufen bei niedrigster empfohlener Einzugskraft nach Norm.

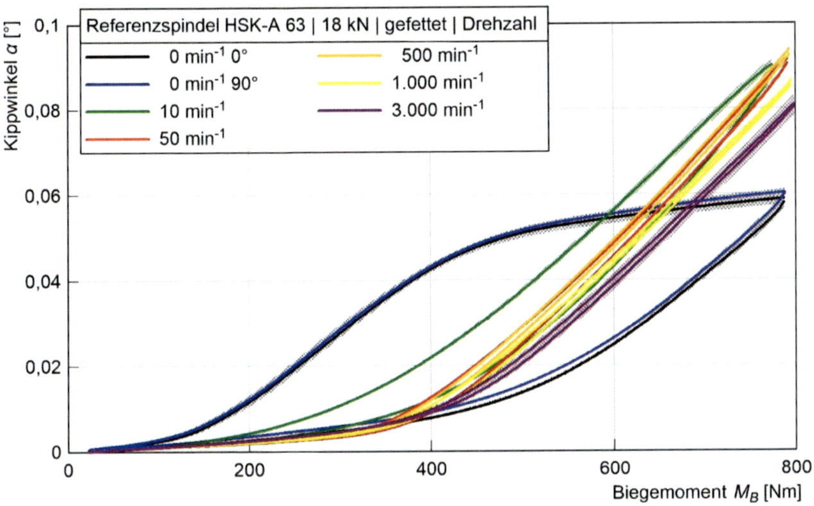

Abbildung 4.15: Drehzahlvergleich für HSK-A 63 bei 18 kN Einzugskraft
Rotational speed comparison for HSK-A 63 at 18 kN pull-in force

Hier sind die Verkippungen wesentlich geringer und bei allen Drehzahlen ist das Abheben zu erkennen. Auffällig ist hier, dass die Gesamtverkippungen unter Rotation größer sind als im Stillstand, mit steigender Drehzahl jedoch kleiner werden. Als Erklärung für die größere Gesamtverkippung kann die Reduktion der Reibung im Kegel durch die Rotation herangeführt werden.

Bei einer höheren marktüblichen Einzugskraft von 32 kN zeigen die Kennlinien in Abbildung 4.16 deutlich kleinere Gesamtverkippungen und eine erwartbare Verschiebung der kritischen Biegemomente zu höheren Werten. Die 0° und 90° Lage unterscheiden sich im Stillstand signifikant.

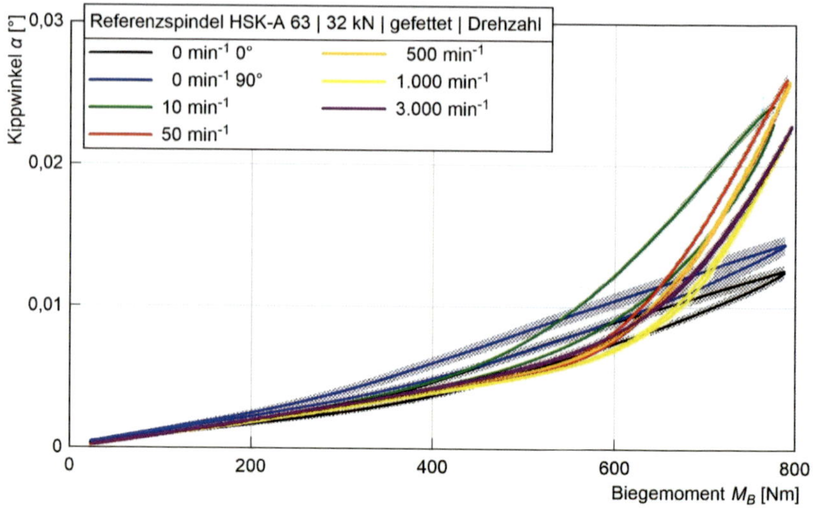

Abbildung 4.16: Drehzahlvergleich für HSK-A 63 bei 32 kN Einzugskraft
Rotational speed comparison for HSK-A 63 at 32 kN pull-in force

Um die Veränderungen der statischen Eigenschaften über die Vielzahl der untersuchten Drehzahlstufen und Einzugskräfte übersichtlich darstellen zu können, werden die Kennwerte k_B und $M_{B,krit}$ in Abbildung 4.17 und Abbildung 4.18 vergleichend für alle untersuchten Drehzahlstufen und Einzugskräfte dargestellt. Tabelle 4.1 gibt einen Überblick über die verwendeten Werkzeuge, Einzugskräfte, Drehzahlstufen und zusätzliche Winkellagen im Stillstand und zeigt die Gesamtanzahl der Versuche nebst der Anzahl der Biegebelastungszyklen, die für einen Datenpunkt erstellt wurden.

Tabelle 4.1: Versuchsübersicht Referenzspindel
Test overview reference spindle

Werkzeug-schnittstelle	Spindel	Werkzeuge	EZK	Versuche	Drehzahl-stufen	Belastungen je Datenpunkt	Versuche gesamt
HSK-A 63	Referenz	T214 | T216 | T219	4	4	12+1	60	624

Die vergleichende Darstellung der Biegesteifigkeiten in Abbildung 4.17 zeigt, dass die Biegesteifigkeit im untersuchten Einzugskraftbereich mit der Einzugskraft über alle Drehzahlstufen zunächst bis 50 min^{-1} ansteigt.

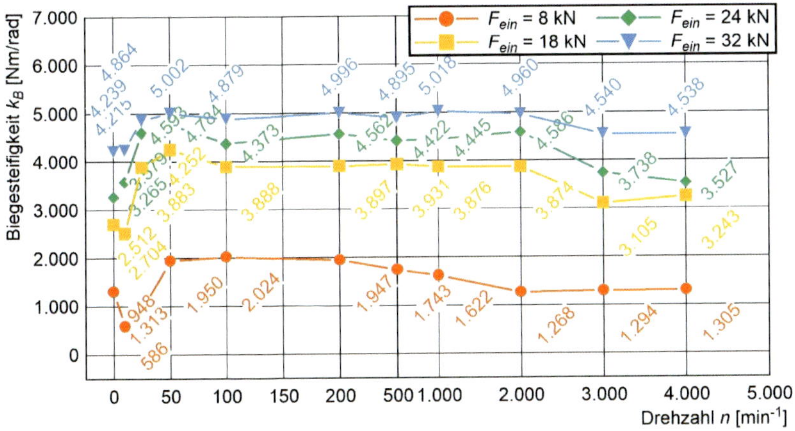

Abbildung 4.17: Biegesteifigkeiten k_B für HSK-A 63-Referenzspindel
Bending stiffness k_B for HSK-A 63 reference spindle

Bei allen Einzugskräften ist die Biegesteifigkeit im Stillstand signifikant geringer als unter Drehzahlen größer 50 min^{-1}. Zwischen null und 50 min^{-1} kommt es teils zu einer deutlichen Verringerung der Biegesteifigkeit unter das Niveau im Stillstand. Oberhalb von 2.000 min^{-1} sinkt die Biegesteifigkeit erneut leicht ab.

Im Bereich dazwischen ist die Biegesteifigkeit annähernd konstant.

Da der Verschleiß der Werkzeuge mit der Anzahl ertragener Umdrehungen unter Last zunimmt und alle Versuche mit den gleichen Werkzeugen durchgeführt wurden, könnte das Absinken der Biegesteifigkeit bei höheren Drehzahlen auf den verstärkt einsetzenden Verschleiß und die damit einhergehenden Veränderungen der tribologischen Bedingungen zurückzuführen sein.

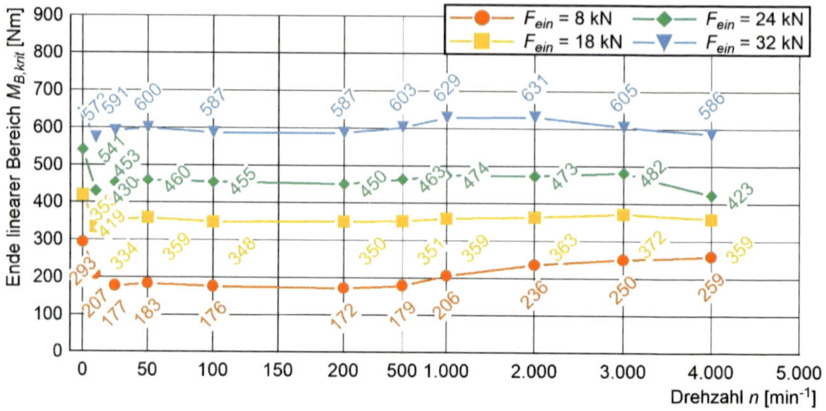

Abbildung 4.18: Ende des linearen Bereichs $M_{B,krit}$ für HSK-A 63-Referenzspindel
Critical bending torque $M_{B,krit}$ for *HSK-A 63 reference spindle*

Ein ähnliches Bild wie bei der Biegesteifigkeit zeigt sich in Abbildung 4.18 beim Ende des linearen Bereichs. Das Ende des linearen Bereichs fällt ab, sobald die Messung unter Rotation durchgeführt wird, erreicht ab 50 min^{-1} eine Sättigung und steigt zwischen 500 min^{-1}und 3.000 min^{-1} kurz an. Damit überschätzt der einfache Statikversuch ohne Rotation das Ende des linearen Bereichs gegenüber dem Anwendungsfall. Die Veränderung des Endes des linearen Bereichs bei höheren Drehzahlen kann erneut auf den zunehmenden Verschleiß der Kegeloberflächen und der damit einhergehenden Erhöhung der Reibung zurückgeführt werden.

Allgemein liegen die Werte mit diesem Versuchsaufbau deutlich außerhalb der Konfidenzintervalle von vergleichbaren Untersuchungen im Stillstand [MÜLL16] bei vergleichbaren Einzugskräften. Das Ende des linearen Bereichs ist bis zu 50 % höher, die Biegesteifigkeiten sind rund 20 % geringer.

Den direkten Vergleich der Messergebnisse mit Referenzspannsystemen und Spindeldummy beziehungsweise Referenzspindelwelle liefern Abbildung 4.19 und Abbildung 4.20. Hier sind die statischen Kennwerte von HSK-A 63 jeweils aus den Messungen von MÜLLER auf dem Statikprüfstand im Stillstand als horizontale gestrichelte Linie über alle Drehzahlen und vom Schwerlastrotationsprüfstand mit den zu den Drehzahlen korrespondierenden Werten dargestellt.

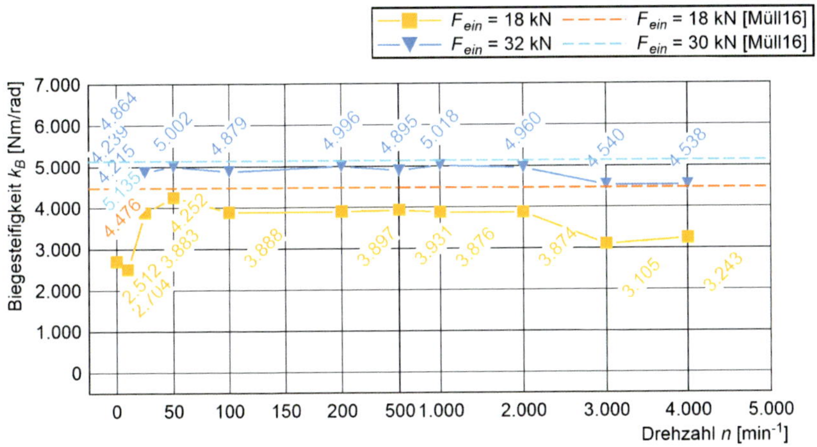

Abbildung 4.19: Kennwertvergleich k_b Rotations- und Statikprüfstand
Comparison of characteristic value k_b of rotation and static test bench

Die mittlere Biegesteifigkeit k_B bei 30 kN Einzugskraft vom Statikprüfstand aus [Müll16] liegt in vergleichbarer Größe wie die Werte vom Schwerlastrotationsprüfstand bei 32 kN. Bei 18 kN liegen die Werte vom Statikprüfstand über denen des Schwerlastrotationsprüfstands.

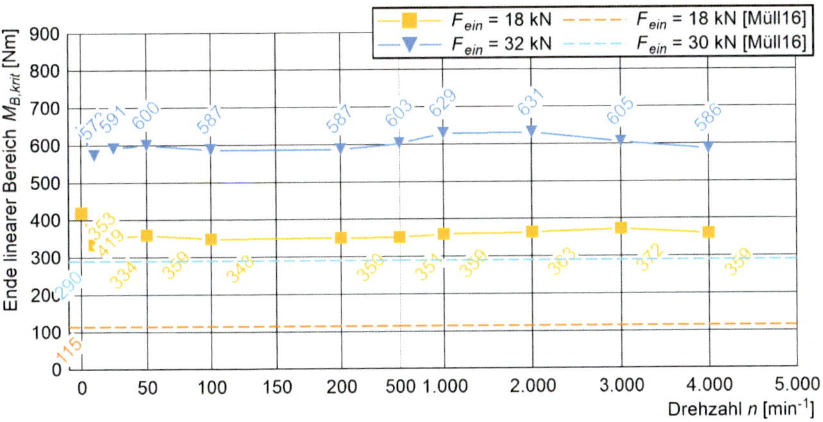

Abbildung 4.20: Kennwertvergleich $M_{B,krit}$ Rotations- und Statikprüfstand
Comparison of characteristic value $M_{B,krit}$ of rotation and static test bench

Das Ende des linearen Bereichs $M_{B,krit}$ hingegen liegt bei den Versuchsergebnissen vom Schwerlastrotationsprüfstand deutlich oberhalb der Ergebnisse vom Statikprüfstand.

Das Auswerteverfahren nach MÜLLER mit dem vorausschauenden Fenster zur Ermittlung der approximierten Geraden an die Biegekennlinie mit einem festgelegten Fehler

r_{grenz}, der bei der Geradeninterpolation im vorausschauenden Fenster nicht überschritten werden darf, ist stark von der Güte der Messdaten abhängig. Die Messdaten müssen nach der Glättung eine ähnliche Güte aufweisen, da jedes Rauschen der Daten direkt in die Ermittlung des Grenzfehlers eingeht. Dass die Kennwerte abweichen, ist den unvermeidlichen Veränderungen der Versuchsbedingungen wie beispielsweise auch dem Fetten der Werkzeuge im Schwerlastrotationsprüfstand im Vergleich zum trockenen und öligen Einsatz am Statikprüfstand zuzuschreiben. Der unterschiedliche mechanisch Aufbau, der durch für die Rotation notwendig ist, wird in Kombination mit den Versuchsbedingungen als ursächlich für die Abweichungen angesehen.

Die Biegekennlinien aus geglätteten Rohdaten in Abbildung 4.21 zeigen ein deutliches Auffächern der einzelnen Belastungen bei 1.000 min^{-1} und 3.000 min^{-1}, wohingegen die einzelnen Belastungskurven der niedrigeren Drehzahlen deutlich näher zusammen liegen. Dies kann auf die Verdrängung des Fetts und den beginnenden Verschleiß mit steigender Lastzyklenzahl zurückgeführt werden. Eine Quantifizierung dieser Effekte ist nicht Teil dieser Arbeit.

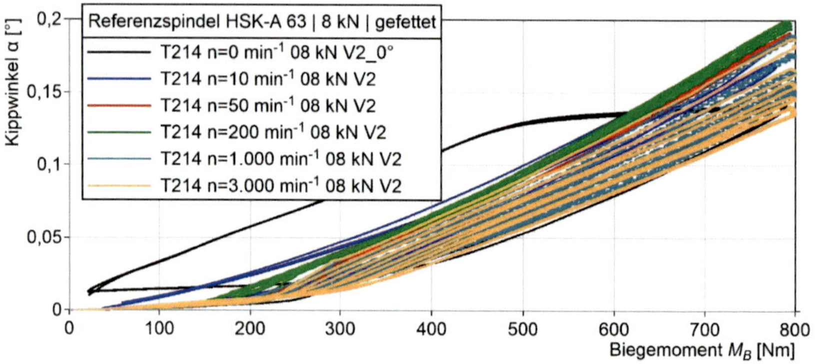

Abbildung 4.21: Drehzahleinfluss auf die Verkippung | geglättete Rohdaten
Rotational speed influence on tilting | smoothed raw data

Die Kennwerte aus Abbildung 4.17 und Abbildung 4.18 zeigen, dass die positiven Korrelationen zwischen Biegesteifigkeit oder Ende des linearen Bereichs und der Einzugskraft auch unter Rotation erhalten bleiben.

Die angewandte Auswertemethode mit einem Grenzfehler r_{grenz} in einem vorausschauenden Fenster zur Bestimmung von k_B *und* $M_{B,krit}$ ist sensitiv auf die Kondition der gemittelten Daten, anhand derer die Kennwerte bestimmt werden. Bei gleich parametriertem Algorithmus sinkt $M_{B,krit}$ bei welligen oder verrauschten Daten, da der Grenzfehler früher, also bei niedrigeren Biegemomenten, überschritten wird, wodurch das korrespondierende k_B *oft* steigt. Daher wurden die hier vorliegenden Daten bei der Mittelung zusätzlich geglättet, um eine robustere Auswertung zu ermöglichen.

Die Notwendigkeit für dieses Vorgehen lässt sich auch anhand der bekannten asymmetrischen Eigenschaften der Werkzeugschnittstellen bezüglich ihrer Biegesteifigkeiten begründen. In vorhergehenden Untersuchungen wurden Werkzeugschnittstellen in verschiedenen Rotationslagen untersucht und im Anschluss eine Mittelung über alle Messungen vorgenommen, um diese Asymmetrie zu berücksichtigen. Am Beispiel der Mitnehmernuten von HSK-A, SK-A und dem Polygonprofil des PSC lassen sich diese Asymmetrien im Kegel zeigen und Verlagerungswerten gegenüberstellen. Diese Asymmetrien bilden sich hier jedoch bei jeder Umdrehung als Welligkeit im Messsignal ab.

Der Messschrieb in Abbildung 4.22 zeigt den zeitlichen Verlauf von Biegemoment und Kippwinkel während einer Umdrehung im Biegeversuch. Genutzt wurden die Maschinenspindeln mit 24 kN Einzugskraft beim PSC und 28 kN Einzugskraft beim HSK-A.

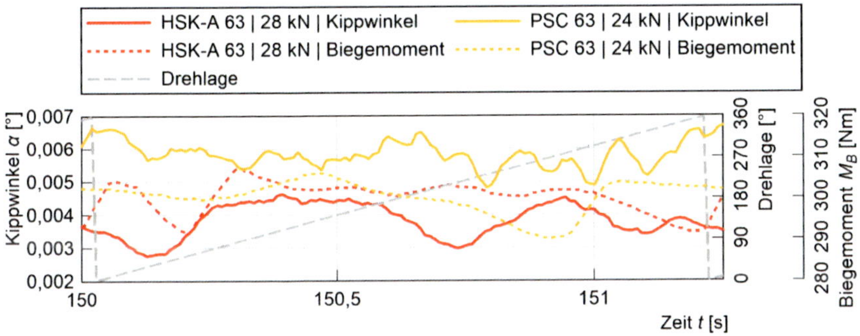

Abbildung 4.22: Winkelabhängige Steifigkeit von HSK-A und PSC
Angle-dependent rigidity of HSK-A and PSC

Der Zeitausschnitt ist im Bereich einer Haltezeit gewählt, in der ein konstantes Biegemoment vorgegeben wird. Sowohl beim HSK-A als auch beim PSC stimmen der Verlauf des Kippwinkels und des Biegemoments nicht überein, was ausschließt, dass der Kippwinkelverlauf ein Resultat einer schwingenden Kraftregelung ist. Im Falle des HSK sind zwei negative Peaks im Kippwinkelverlauf erkennbar, die auf eine lokal höhere Steifigkeit des HSK hindeuten.

Zur besseren Veranschaulichung sind in Abbildung 4.23 die Kippwinkel über der Winkelposition aufgetragen. Der Kippwinkelverlauf für den PSC lässt keine markante Ähnlichkeit mit der Form des Polygons erkennen. Der Verlauf wirkt eher unspezifisch. Bei HSK und SK zeigt sich eine deutliche Einschnürung der Kurven bei 0° und 180°, die auf eine lokal höhere Steifigkeit hinweisen.

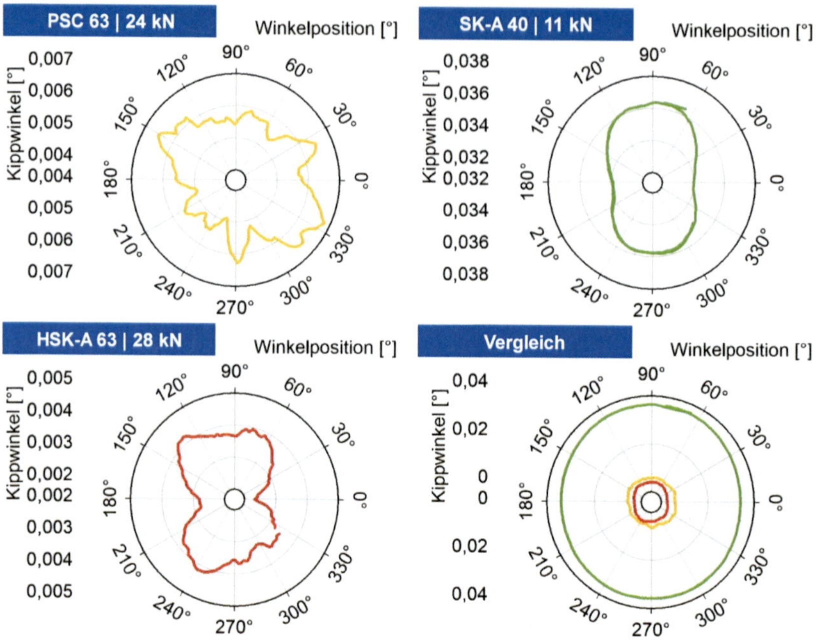

Abbildung 4.23: Kippwinkelverlauf von HSK, SK und PSC über der Winkelposition
Tilting angle over angular position for HSK, SK and PSC

Dass diese beiden Peaks exakt 180° gegenüberliegend sind, zeigt gemeinsam mit der Auswertung der Drehlage, dass diese Stellen höherer Steifigkeit mit der Lage der Nutensteine übereinstimmen. Beim PSC lassen sich im Kippwinkelverlauf die aufgrund der 120°-Symmetrie erwarteten drei Peaks nicht deutlich erkennen. Der Vergleich der drei untersuchten Schnittstellen untereinander zeigt, dass die winkelabhängigen Steifigkeitsabweichungen im Verhältnis zu den absoluten Steifigkeitsunterschieden recht marginal sind, für die Untersuchung der Kennwerte allerdings einen maßgeblichen Einfluss haben können.

Um die Lage der jeweiligen Steifigkeitspeaks der Geometrie des PSC und der Lage der Nuten am HSK zuordnen zu können, gibt Abbildung 4.24 eine Übersicht über die Lage der jeweiligen Elemente.

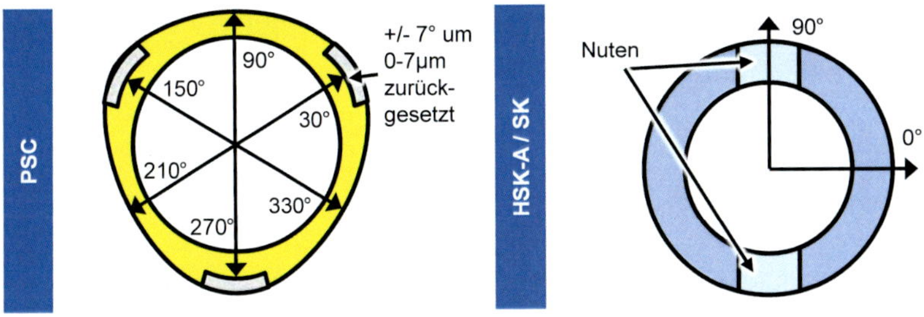

Abbildung 4.24: Winkelpositionen am Kegel des HSK-A, SK und PSC
Angle-positions on the cone of HSK-A, SK and PSC

In der Darstellung der Winkelposition ist die Ausgangslage bei 270° als Spitze bekannt, so dass dazu korrespondierende Peaks in der Verlagerung bei den anderen Spitzen bei 150° und 30° zu erkennen sind. Die Spitzen am Polygonkegel dürfen nach Norm um bis zu 7 µm kleiner geschliffen werden, so dass diese Bereiche nicht tragend sind. Das Gesamtbild der Verlagerungen zeigt entgegen der Annahme keine eindeutige 120° Symmetrie. Ergänzende Messungen im Stillstand alle 30° zeigen, dass die Steifigkeit zwar auf den Flachseiten geringer als in den Spitzen ist, was sich jedoch unter Drehzahl nicht deutlich hervorheben lässt.

Die vorhergehenden Betrachtungen zeigen, dass sich die im Stillstand erkannte asymmetrische Biegesteifigkeit anhand der periodischen Kippwinkelpeaks auch unter Rotation nachweisen lässt. Hierbei zeigt sich, dass dies bei HSK und SK deutlich sichtbar ist und beim PSC hingegen nicht eindeutig zu erkennen ist.

4.4 Vergleichende Untersuchung genormter Schnittstellen

Comparative study of standardized interfaces

Nachdem grundlegende Einflüsse der Drehzahl auf das Verhalten von Werkzeugschnitsttellen unter Rotation im vorhergehenden Kapitel hauptsächlich am Referenzaufbau mit HSK-A 63 gezeigt wurden, werden im folgenden Kapitel die Werkzeugschnittstellen PSC 63 und SK-A 40 vergleichend zum HSK-A 63 untersucht. Hierbei kommen Serien- beziehungsweise serienähnliche Spindeln mit den zuvor genannten Werkzeugschnittstellen zum Einsatz. Diese verfügen über handelsübliche Spannsätze mit Kraftverstärkung und vorgespannte Schraubenfederpakete. Eine Überwachung der vorliegenden Einzugskraft lässt sich somit an den Spindeln nicht realisieren, genauso wie die Veränderung der Einzugskraft nur in geringem Maße durch Hinzufügen oder Entfernen von Abstimmscheiben im Federpaket möglich ist, so dass auf eine Variation der Einzugskräfte verzichtet wird und die vom Hersteller gewählten Einzugskräfte genutzt werden. Die grundlegenden Einflüsse der Einzugskraft wurden bereits in Kapitel 4.3 gezeigt. Als Referenz für die maximale Steifigkeit, die im Bauraum einer Werkzeugschnittstelle realisiert werden kann, wird eine monolithische Spindel nach Abbildung 4.25 eingesetzt, die die gleiche Außenkontur wie eine HSK-Spindel mit eingesetztem Messerkopfhalter hat, aber lediglich aus einem Stück angefertigt wurde.

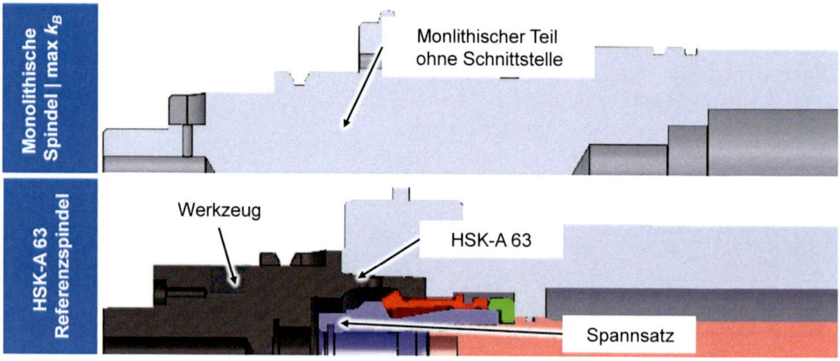

Abbildung 4.25: HSK-A-Referenzspindel und monolithische Spindel
HSK-A-reference spindle and monolithic spindle

Die Untersuchungsbedingungen wurden gewählt wie im vorangehendenden Kapitel beschrieben, um die Spindeln vor Beschädigung zu schützen. Die Werkzeuge sind, wie auch die Norm suggeriert, als der verschleißende Kontaktpartner ausgelegt.

Die Untersuchungen wurden mit den Drehzahlstufen 0, 10, 25, 50, 100, 200, 500, 1.000, 2.000, 3.000, 4.000 und 5.000 min^{-1} durchgeführt. Zur besseren Übersichtlichkeit sind in den nachfolgenden Diagrammen die Biegekennlinien ausgewählter und nicht aller Drehzahlstufen gemeinsam dargestellt.

Eine Übersicht über die verwendeten Werkzeuge und die Versuche gibt Tabelle 4.2.

Tabelle 4.2: Versuchsübersicht vergleichende Untersuchungen
Overview of comparative tests

Werkzeug-schnittstelle	Spindel	Werkzeuge	EZK	Versuche	Drehzahl-stufen	Belastungen je Datenpunkt	Versuche gesamt
HSK-A 63	H2000	T218 | T213 | T215	1	4	12+1	60	156
SK-A 40	H2000	T211 | T212			12+1	40	96
PSC 63	H2000	T220			12+2	20	56
ohne	Sonder	integriert			12	20	48

Den Biegekennlinien in Abbildung 4.26 liegen jeweils drei Einzelversuche mit zwei verschiedenen Werkzeugen zu Grunde, deren fünf Be- und Entlastungszyklen gemittelt wurden. Die beiden im Stillstand aufgenommenen Kennlinien zeigen eine initiale Verkippung und die typische Hysterese im abgehobenen Bereich. Der Unterschied zwischen 0 und 90° sind deutlich. Auffällig ist, dass der Verlauf der Kennlinie von 10 min^{-1} im abgehobenen Bereich zwischen den beiden Kennlinien bei 0 min^{-1} liegt. Alle Kennlinien mit Drehzahlen größer Null weisen keine Hysterese im abgehobenen Bereich auf und haben auch keine initiale Verkippung. Mit steigender Drehzahl wird der erste lineare Bereich minimal flacher, die maximalen Verkippungen sinken hingegen deutlich.

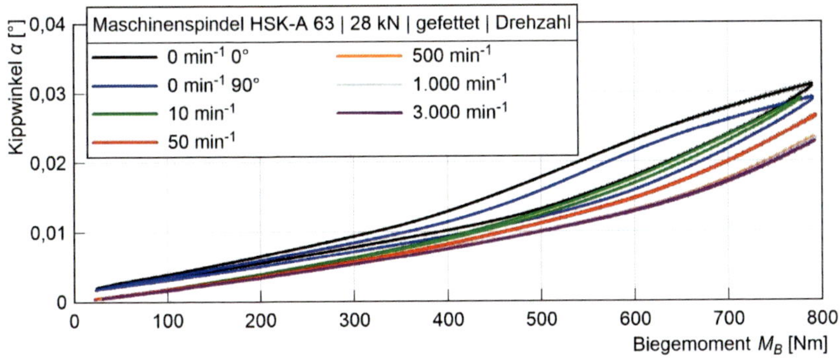

Abbildung 4.26: Gemittelte Biegekennlinien HSK-A 63 Maschinenspindel | F_{Ein} = 28 kN
Averaged characteristic bending curves HSK-A 63 machine spindl

Aus den Messdaten zweier SK-A 40-Werkzeuge sind die Kennlinien in Abbildung 4.27 erstellt worden. Wie in Kapitel 4.2 erläutert wurde, führen hohe Biegemomente beim Steilkegel zu hohem Verschleiß an Werkzeug und Spindel, so dass hier, abweichend von den anderen Untersuchungen in diesem Abschnitt, ein maximales Biegemoment von 350 Nm gewählt wurde. Auch beim SK entfallen initiale Verkippung und Hysterese bei Drehzahlen größer Null. Die Kennlinienverläufe haben keine Knicke, aber einen leichten Bogen, so dass hier kein Abheben der Kegelverbindung methodisch ausgewertet werden kann. Die Steifigkeit wird anhand einer Ausgleichsgeraden über den vollen Momentenbereich bestimmt. Es zeigt sich, dass unter höheren Drehzahlen wie 3.000 min^{-1} die Gesamtverkippung leicht sinkt.

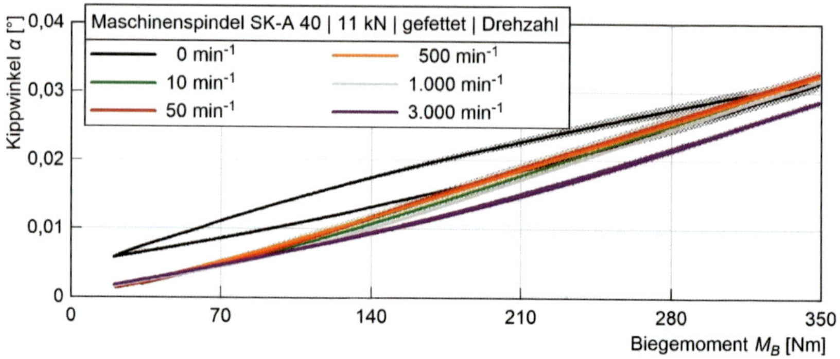

Abbildung 4.27: Gemittelte Biegekennlinien SK-A 40-Maschinenspindel | F_{Ein} = 11 kN
Averaged characteristic bending curves SK-A 40 machine spindle

Die Auswertung der Versuche mit dem PSC 63 in Abbildung 4.28 zeigt, dass hier schon im Stillstand keine initiale Verkippung auftritt. Die Hysterese ist wie bei den vorhergehenden Systemen auch unter Drehzahl nicht mehr sichtbar. Die Verkippungen sind betragsmäßig deutlich kleiner. Die Kurven zeigen unter Drehzahl ein sehr homogenes Verhalten, so dass die Kurvenverläufe im Stillstand und in der Rotation ähnlicher verlaufen als dies bei den anderen Werkzeugschnittstellen der Fall ist.

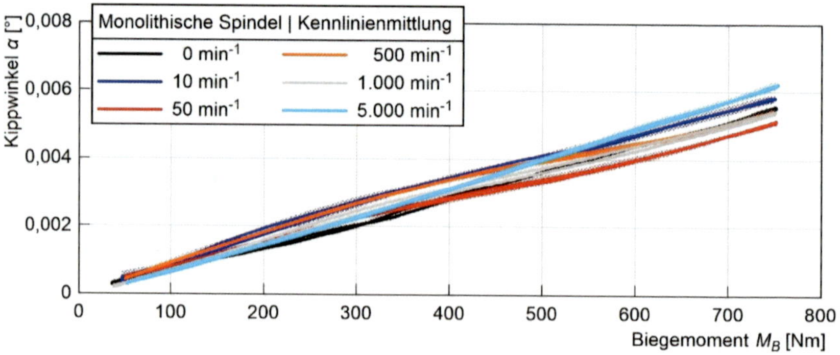

Abbildung 4.28: Gemittelte Biegekennlinien PSC 63-Maschinenspindel | F_{Ein} = 24 kN
Averaged characteristic bending curves PSC 63 machine spindle

Deutlich geringere Verkippungen zeigen die Biegekennlinien in Abbildung 4.29 der monolithischen Maschinenspindel aus Abbildung 4.25.

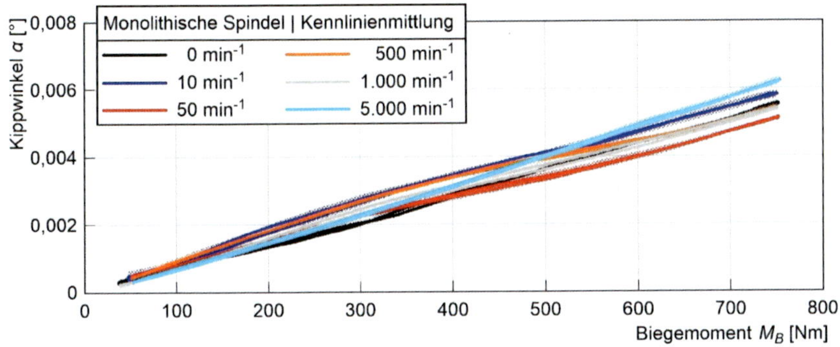

Abbildung 4.29: Gemittelte Biegekennlinien monolithische Spindel
Averaged characteristic bending curves monolithic spindle

Die Kurvenverläufe zeigen kaum signifikante Abweichungen untereinander. Bei der leichten Streuung der Kurven untereinander muss die Skalierung des Kippwinkels mit maximal 0,008 ° im Vergleich zu den vorangehenden Abbildungen mit 0,025 ° in Betracht gezogen werden, so dass die Abweichungen hier eher zu vernachlässigen sind. Trotz der hohen Reproduzierbarkeit der Versuche können keine eindeutigen Kurvenverläufe, insbesondere kein Abknicken der Kurven und damit kein Abheben abgeleitet werden, so dass hier von einem linearen Verhalten ausgegangen werden kann. Die erwartungsgemäß sehr geringen Verlagerungen und die leichten Abweichungen der Kurven untereinander führen in der Auswertung der Steifigkeit mit demselben Algorithmus, wie er auch für den Steilkegel angewandt wird, zu streuenden Ergebnissen, da hierbei eine Ausgleichsgerade durch alle Messwerte gelegt wird und die kleinen Abweichungen in der Gesamtverkippung die Biegesteifigkeit stark beeinflussen.

Die Biegesteifigkeiten aus allen Untersuchungen in diesem Kapitel sind vergleichend in Abbildung 4.30 dargestellt. Die Steifigkeiten des SK liegen deutlich unter den Steifigkeiten von HSK und PSC, wobei zu beachten ist, dass die Untersuchungen aufgrund des hohen Versuchsumfangs nicht mit vollständigen Werkzeugsätzen, bestehend aus je einem Werkzeug am oberen und unteren Toleranzrand und einem Werkzeug in Toleranzmitte, gepaart mit einer Aufnahme in Toleranzmitte, durchgeführt wurden. Somit streuen die Ergebnisse weniger und die Konfidenzintervalle sind so klein, dass sie sich nicht schneiden. Zur besseren Übersichtlichkeit des Diagramms sind die Konfidenzintervalle ausgeblendet worden. Die Abweichungen zwischen HSK und PSC unter Drehzahl sind dennoch sehr klein und weisen keine eindeutige Tendenz zugunsten einer der beiden Schnittstellen auf, insbesondere da sich die Kurven bei circa 3.000 min^{-1} schneiden.

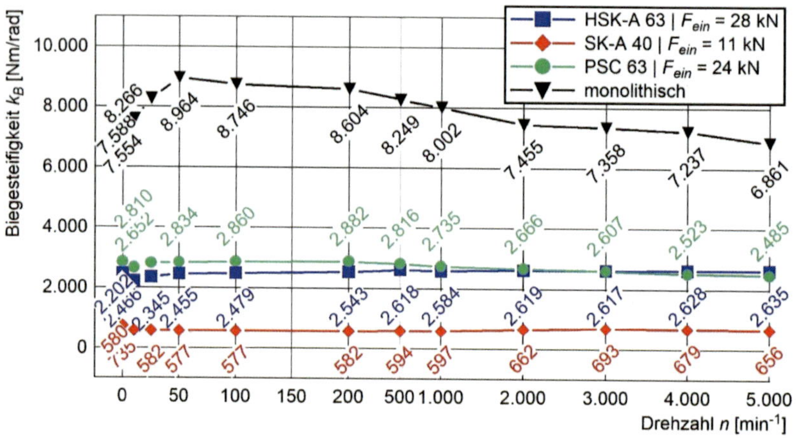

Abbildung 4.30: Vergleich der Biegesteifigkeiten
Comparison of bending stiffnesses

Der Verlauf der Biegesteifigkeiten von HSK, SK und PSC wirkt bei der gegebenen Skalierung über das untersuchte Drehzahlband weitgehend konstant. Hingegen zeigt die monolithische Spindel einen Verlauf mit einem deutlichen Anstieg der Biegesteifigkeit im unteren Drehzahlbereich, um daraufhin nahezu linear wieder abzufallen. Unter der Annahme, dass sich die mechanischen Eigenschaften der aus einem Stück gefertigten Versuchswelle nicht durch die Rotation verändern, muss davon ausgegangen werden, dass dieser Verlauf auf Messfehler zurückzuführen ist, die sich bei den sehr geringen Verlagerungen im Verhältnis deutlich stärker auswirken, als dies bei den Messungen der Werkzeugschnittstellen der Fall ist. Da die Ergebnisse der monolithischen Spindel dazu dienen, die theoretische Obergrenze der Werkzeugschnittstellensteifigkeit aufzuzeigen, sind die diskutierten Abweichungen von nachrangiger Bedeutung.

Die Auswertung des Endes des linearen Bereiches erfolgt nur für den HSK und den PSC, da diese als einzige ein Abheben der Plananlage aufweisen. Abbildung 4.31 zeigt, dass die Verläufe ähnlich sind und oberhalb von 100 min^{-1} nahezu konstante Werte erreicht werden. Das Ende des linearen Bereichs liegt bei PSC leicht über dem HSK. Deutlich zeigt sich, dass die Abweichungen im Stillstand größer sind, als dies unter Rotation der Fall ist.

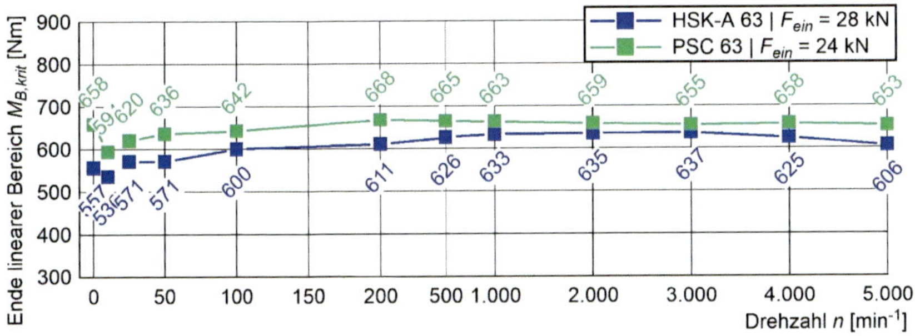

Abbildung 4.31: Vergleich des Endes des linearen Bereichs
Comparison of critical bending torques

Die Kennwerte für den Stillstand aus Abbildung 4.30 und Abbildung 4.31 weichen deutlich von den Kennwerten von MÜLLER [MÜLL16] ab. Hier ist nochmals wie eingangs beschrieben zu erwähnen, dass in diesem Kapitel abweichend von den bei MÜLLER untersuchten Referenzbedingungen mit marktüblichen kraftverstärkenden Spannsystemen in Spindeln mit segmentierten Plananlagen und Federpaketen zur Spannkrafterzeugung gearbeitet wurde. Dazu sind hier die Werkzeuge gefettet und nicht trocken oder geölt verwendet worden. Die Biegesteifigkeiten sind hier bis zu 50 % geringer, die kritischen Abhebemomente liegen dafür bei gleicher Einzugskraft rund doppelt so hoch. Wie eingangs bei der Beschreibung der Auswertemethode beschrieben, werden die Daten vor der Mittelung zusätzlich geglättet und anhand dieser gemittelten Kurven die Kennwerte bestimmt.

Es zeigt sich, dass die statischen Kennwerte unter Drehzahl relativ konstant bleiben, dabei allerdings von den Werten im Stillstand abweichen.

4.5 Zusammenfassung und Zwischenfazit

Summary and interim conclusion

In diesem Kapitel konnte gezeigt werden, dass sich unter einer statischen Biegebelastung sowohl Bereiche an Kegel- und Plananlagekontakt ausbilden, die tragen, als auch solche Bereiche, die abgehoben sind und damit nicht tragen. Die These, dass diese Bereiche umlaufen, konnte indirekt durch die Verschleißmarken bestätigt werden.

Ein Versuchsstand und die notwendigen Erweiterungen zur Messmethodik für statische Biegekennlinien für Werkzeugschnittstellen in der Rotation wurden vorgestellt. Vorversuche zur Festlegung geeigneter Versuchsbedingungen haben starke Verschleißspuren bei trockenen und öligen Werkzeugen gezeigt, deren Intensität von der Höhe des aufgebrachten Biegemomentes abhängig ist. Da so keine Versuchsreihen unter konstanten Bedingungen zu erzielen sind, wurde Fett als Schmiermittel für die Werkzeugschnittstelle bei diesen Versuchen gewählt.

Die Untersuchungen der grundlegenden Einflüsse der Rotation auf das statische Biegeverhalten zeigen deutliche Unterschiede zum Verhalten im Stillstand durch den Wegfall der Hysterese zwischen Be- und Entlastung, dem Wegfall der initialen Verkippung am Kurvenanfang und durch den leichten Anstieg der maximalen Verkippung im abgehobenen Bereich. Für HSK-A 63 mit Referenzspannsystem und verschiedenen Einzugskräften zeigt sich ein deutlicher Einfluss der Rotation auf die Kennwerte k_B und $M_{B,krit}$ im Drehzahlbereich bis 50 min^{-1} im gesamten untersuchten Einzugskraftbereich. Der Einfluss der Einzugskraft auf das Verhalten bleibt vergleichbar zum Stillstand. Die lageabhängige Steifigkeit der Plananlageschnittstellen HSK und PSC lässt sich in der Rotation nachweisen.

Die vergleichende Gegenüberstellung von HSK, PSC, SK und einer massiven Schnittstelle mit HSK-Außenkontur zeigt einen Einfluss der Rotation im niedrigen untersuchten Drehzahlbereich auf die statischen Kennwerte. Darüber hinaus bleiben die Werte weitgehend konstant. Alle realen Schnittstellen haben eine signifikant niedrigere Steifigkeit, als dies mit einer massiven Schnittstelle möglich wäre.

Anhand der Messdaten konnte gezeigt werden, dass sich das statische Verhalten von Werkzeugschnittstellen unter Rotation vom Verhalten in Stillstand auch in den qualitativen Merkmalen Kurvenverlauf, initiale Verkippung, Hysterese und maximale Verkippung unterscheidet. Anhand der Kennwerte k_B und $M_{B,krit}$ konnte die Veränderung auch quantifiziert und ein Vergleich für HSK-A 63 in Referenzkonfiguration bei verschiedenen Einzugskräften und Drehzahlen gezogen werden.

Der Einfluss der Rotation auf das statische Biegeverhalten konnte somit qualitativ nachgewiesen und durch Kennwerte quantifiziert werden.

Die Untersuchungsmethode weist Limitierungen dadurch auf, dass das Untersuchungsobjekt während einer Untersuchung nicht in einem konstanten Beobachtungszustand gehalten werden kann, sondern sich die Reibungsbedingungen durch Verdrängung des Schmierstoffs und zusätzlichen Verschleiß der Oberflächen permanent ändern. Dieses Verhalten tritt insbesondere durch viele Zyklen bei höheren Drehzahlen auf, so dass die Einflüsse der Drehzahl, des Verschleißes und der Verdrängung des Fetts nicht getrennt untersucht werden können. Eine Methode zur Bestimmung des Endes des linearen Bereiches, die es erlauben würde, das aufgebrachte Biegemoment zu senken, würde einen Beitrag zur Umgehung des Problems leisten. Zusätzlich wäre eine stichprobenhafte Überprüfung der Kurvenverläufe mit Werkzeugen im Neuzustand sinnvoll, um die in dieser Arbeit gestellte These zu prüfen, dass Teile der Kennwertverläufe auf Verschleiß zurückzuführen sind.

Die Beobachtung des Verschleißverhaltens während der Versuche legt nahe, das kritische Biegemoment $M_{B,krit}$ als Grenze für die Belastung einer Werkzeugschnittstelle zu verwenden, um den Verschleiß durch das Walken zu vermeiden.

Die eingangs formulierte Hypothese zur Veränderung des Biegeverhaltens konnte bestätigt werden und mit der entwickelten Untersuchungsmethodik eine Datenbasis für eine vergleichende Bewertung der Werkzeugschittstellen HSK, PSC und SK erstellt werden.

5 Kontaktbedingungen von Werkzeugschnittstellen unter hohen Drehzahlen

Contact conditions of tool interfaces at high rotational speeds

Um den Nachweis zu führen, dass es bei Werkzeugschnittstellen unter hohen Drehzahlen zum Abheben des Werkzeugkegels vom Spindelkegel kommt, wurden bisher simulative Untersuchungen des Gesamtsystems und der Einzelkomponenten durchgeführt. Die daraus ermittelten Drehzahlgrenzen für den HSK liegen jedoch unter den Drehzahlen von 30.000 min^{-1}, mit denen marktübliche HSK-A 63-Spindeln heute betrieben werden [GMN19; STAR18].

Es gilt also zu untersuchen, ob die genannten Kriterien für die Drehzahlgrenzen nach [WECK99] zutreffend sind und ob es in einem realen Spindelsystem zum Abheben des Kegels und zum Verlust der radialen Führung kommt.

Um mit den bekannten Methoden eine spezifische Drehzahlgrenze für eine bestimmte Spindel mit ihren konstruktiven Merkmalen wie dem Spindeldurchmesser, Steifigkeiten von Flanschen, Einzugskraft, Spannsystem und Kegellänge bestimmen zu können, muss für jede Spindel ein eigenes Simulationsmodell erstellt werden.

Damit die Veränderung der Kontaktbedingungen bei hohen Drehzahlen nachgewiesen werden können, wird in 5.1 eine Methodik entwickelt, mit der es möglich ist, in einer beliebigen HSK-A 63-Spindel das Abheben des Kegels festzustellen, ohne diese modifizieren zu müssen, und somit gleiche Untersuchungs- und Betriebsbedingungen zu erhalten. Die Methodik erlaubt es, das Abheben des Kegels in verschiedenen Bereichen bei verschiedenen Drehzahlen zu detektieren. Sie wird an zwei verschiedenen Hauptspindeln bis zu einer Drehzahl von 30.000 min^{-1} angewendet und evaluiert.

Anhand simulativer Untersuchungen werden in Kapitel 5.2 die Ergebnisse der praktischen Versuche einer FE-Simulation einer Versuchsspindel gegenübergestellt und die Ergebnisse verglichen.

Da sich zeigen wird, dass es zum Verlust der radialen Führung kommen kann, werden dessen Auswirkungen auf die Anwendung im anschließenden Kapitel 5.3 untersucht und diskutiert. Ebenfalls wird hier die Übertragbarkeit der Methode auf die weiteren Bauformen des HSK und die Schnittstellen SK, PSC, und TS diskutiert.

5.1 Methodik zur Untersuchung des Kegelabhebens am Beispiel des HSK-A 63

Methodology for investigating cone lift-off on the example of the HSK-A 63

Die bekannten Grenzdrehzahlen für den HSK-A 63 liegen, wie in Kapitel 2.4 erläutert, niedriger als die Drehzahlen moderner Spindeln mit HSK-A 63, die erfolgreich in der Praxis eingesetzt werden. Das erste angewandte Kriterium zur Bestimmung der Grenzdrehzahl vergleicht die maximale, simulativ bestimmte Vergleichsspannung mit einem Werkstoffkennwert für ein ausgesuchtes Material. Auch wenn dieses Vorgehen angebracht scheint, so lassen sich die Werkzeughalter, auf die sich das Kriterium bezieht, auch aus anderen Werkstoffen herstellen. Diese können eine höhere Vergleichsspannung ertragen, da der Werkzeughersteller durch die Norm lediglich angehalten ist, einen adäquaten Werkstoff für die Belastungen zu wählen [DIN08b]. Die Werkzeuge können also ertüchtigt werden, das Grenzkriterium zu höheren Drehzahlen zu verschieben.

Das Abheben des Werkzeugkegels in der Spindel, das als zweites Grenzdrehzahlkriterium für den HSK-A 63 fungiert, kann durch eine derartige Veränderung jedoch nicht verhindert werden, da sich die Elastizitätsmodule relevanter Stahlwerkstoffe nicht nennenswert unterscheiden. Bisher konnte das Abheben stets nur in FE-Simulationen von vereinfachten Spindeln gezeigt werden. Dies bedeutet einen hohen simulativen Aufwand, der für jede Spindelkonstruktion und jeden Spannsatz wiederholt werden muss. Eine Methode, die es erlaubt, das Abheben in einer realen Spindel nachzuweisen, ist nicht bekannt. Der Ansatz zum versuchstechnischen Nachweis des Kegelabhebens von SCHUBERT mittels getrennter Wegmessung an Werkzeug und Spindelkegel durch Wirbelstromsensoren [SCHU94] hat zur Folge, dass beide Bauteile sich nicht in dem realen Betriebszustand befinden. Auf der Werkzeugseite können so weder die Abstützung durch die Spindel noch die vom Spannsatz erzeugten Kräfte abgebildet werden, die so ebenfalls auf der Spindelseite fehlen, da sich die Kraftflüsse durch die Spindel schließen.

Im Folgenden wird eine Methode entwickelt, die zum einen den praktischen Nachweis für das Abheben des Kegels ermöglicht und zum anderen in jeder Werkzeugmaschinenspindel eingesetzt werden kann, ohne diese konstruktiv zu verändern.

Für die Entwicklung sind also folgende Randbedingungen gegeben:

- Die Spindel darf konstruktiv nicht verändert werden
- Der Spannsatz darf nicht entnommen werden
- Das Werkzeug darf strukturell nicht stark geschwächt werden
- Die Messmethode darf selbst keinen Fliehkrafteinflüssen unterliegen

Zu Beginn der Methodenentwicklung muss die Frage diskutiert werden, ob es notwendig ist, die exakte Größe des entstehenden Spaltes zu messen, oder ob dessen Nachweis für das Abheben ausreichend ist. Da bisher ebenfalls lediglich das Abheben ohne weitere Quantifizierung als Drehzahlgrenze herangezogen wurde, wird auch die Methodenentwicklung hierauf beschränkt.

Also reduziert sich die Aufgabe darauf, in einem beschränkten Bauraum das Öffnen eines Spaltes festzustellen. Als Nebenbedingung wird ferner eine irreversible Änderung der Versuchsspindeln ausgeschlossen, so dass der Gestaltungsraum vornehmlich auf das Werkzeug beschränkt ist.

Da sich die Methodenentwicklung ähnlich der Produktentwicklung gestaltet, orientiert sich der folgende Abschnitt an dem Vorgehen nach VDI 2221-1/2 [VDI19a; VDI19b], sodass zunächst prinzipielle Lösungswege zur Erfüllung der Aufgabe aufgezeigt, diskutiert und bewertet werden.

Unter Berücksichtigung der Restriktionen, dass der Einbauraum für den Spannsatz und die Spindel nicht verändert werden sollen, um beliebige zur Verfügung stehende Motorspindeln untersuchen zu können, sind in Abbildung 5.1 vier verschiedene Lösungsprinzipien zur Erkennung eines Spaltes zwischen Werkzeug und Spindelkegel dargestellt.

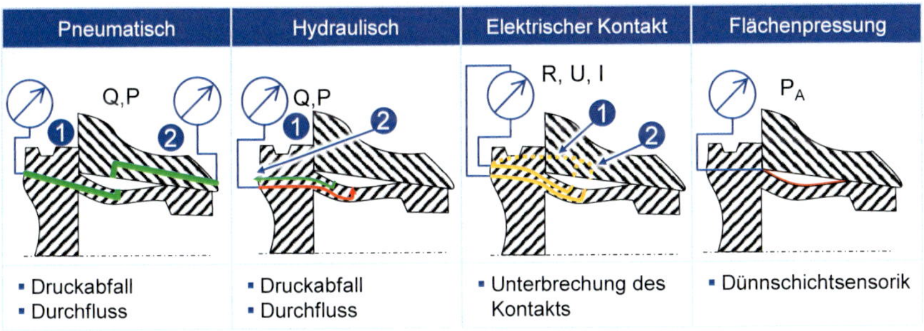

Abbildung 5.1: Morphologischer Kasten für die Spaltdetektion
Morphological box for the gap detection

Das erste Prinzip orientiert sich an der pneumatischen Prüfung der Kegelmaße von HSK-Werkzeugen in der Fertigung [KELC13; STOT20] beziehungsweise dem einfachen Druckabfall in einer Leitung, die bei Anwesenheit des Prüfkörpers verschlossen ist. Dargestellt sind zwei Varianten, von denen die erste Prüfkanäle im Werkzeugkegel vorsieht, die auf die Mantelfläche des Kegels reichen und so einen entstehenden Hohlraum im Werkzeug mit Druckluft beaufschlagen. Wird lediglich der Volumenstrom *Q*, der zum Befüllen des sehr kleinen Hohlraums notwendig ist, gemessen, kann die Messmethode kaum Auskunft über den Beginn des Abhebens geben und wird daher verworfen. Daher erscheint eine Messung eines Durchflusses *Q* eher sinnvoll, die man entweder über einen Rückflusskanal oder eventuell vorhandene Spülbohrungen im Kegel realisieren kann, wie es mit dem mit zwei bezeichneten Kanal angedeutet ist. Um auf das Maß der Aufweitung schließen zu können, muss das System ähnlich wie pneumatische Messdorne kalibriert werden, was sich für den akademischen Einsatz durch verschieden eingeschliffene HSK-Kegel und eine Referenzaufnahme im Stillstand erreichen lässt.

Auf ähnliche Art und Weise kann die Aufgabe durch ein hydraulisches System erfüllt werden. Im Gegensatz zu dem Einsatz von Druckluft hat eine Flüssigkeit den Vorteil, dass nicht nur Druck oder Durchfluss gemessen werden, sondern auch ihre bloße Anwesenheit in einem ansonsten luftgefüllten Arbeitsraum überwacht werden kann. Da eine derartige Versuchseinrichtung in direkter Nähe zu der Spindelnase betrieben wird, ist in ihrer Nähe mit dem Austrag von Sperrluft und mit dieser auch mit Schmieröl der Lagerschmierung zu rechnen. Daher kann ein reiner Luftstrom am Austritt schwerlich von den umgebenden Luftströmen getrennt werden. Eine Flüssigkeit lässt sich ähnlich wie Heizöl oder Dieseltreibstoff einfärben und so bei Austritt von anderen Flüssigkeiten unterscheiden. In beiden Fällen muss eine Versorgung des Systems mit dem Medium sichergestellt werden, was einerseits kontinuierlich über eine Drehdurchführung, andererseits allerdings auch durch ein druckloses Reservoir oder einen Druckspeicher im Werkzeug selbst erfolgen kann.

Ebenfalls besteht die Möglichkeit, das Abheben zweier Flächen über einen Öffner-Kontakt zu realisieren. In den Werkzeugkegel eingebrachte isolierte Drähte, die an der Kegeloberfläche einen freiliegenden Kontakt ausbilden, würden - solange der Kegelpressverband Kontakt hat - entweder über Spindel, Plananlage und das Werkzeug oder über die Spindel und einen anderen Draht mit einem Messgerät für Strom, Spannung oder Widerstand einen geschlossenen Stromkreis bilden. Dieser wird unterbrochen, sobald an einem der Kontakte ein Luftspalt entsteht. Die hierzu notwendige Energieversorgung und Auswertung müssen ebenfalls in das rotierende Werkzeug integriert werden. Zudem ist es notwendig, isolierte Drähte fliehkraftfest durch das Werkzeug zu verlegen.

Die lokale Messung der Kontaktkraft im Kegel kann ebenfalls zur Bestimmung abgehobener Bereiche genutzt werden. Da die hierzu notwendige Sensorik eben zur restlichen Kegelfläche montiert und kontaktiert werden muss, ist Dünnschichtsensorik, welche direkt auf eine metallische Fläche aufgebracht werden kann, ein geeignetes Messmittel [DENK17; MÖLL05]. Diese ermöglicht es, Flächenpressungsverläufe über der Kegelfläche zu ermitteln, jedoch nicht die Größe oder das Auftreten eines Spaltes, da die Sensorik lediglich eine minimale Kontaktpressung von Null ausgeben kann [BIEH11].

Für alle vier vorgestellten Lösungswege müssen entweder Medien wie Luft oder Wasser, elektrische Spannung oder Strom sowie Daten in das drehende Werkzeug übertragen werden oder diese im Werkzeug selbst gespeichert oder verarbeitet werden.

Um eine möglichst kurzfristig umzusetzende und robuste Lösung zu finden, die keine Drehübertragung oder mitrotierende Datenverarbeitung braucht, wird eine fluidische Lösung entwickelt, die die Fliehkraft unter Rotation zur Druckerzeugung nutzt.

Das Grundprinzip für die Detektion eines Spaltes zwischen HSK-Werkzeug und -Spindel ist in Abbildung 5.2 skizziert.

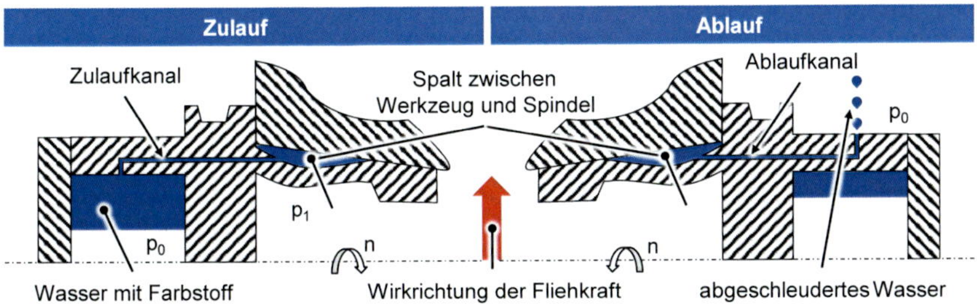

Abbildung 5.2: Prinzipskizze zur Spaltdetektion
Principle sketch for the gap detection

Auf der linken Seite ist der Zulauf dargestellt, welcher aus einem Reservoir gefüllt mit eingefärbtem Wasser und einem Zulaufkanal besteht. Unter Rotation wird das Wasser durch die Fliehkraft radial an die Wandung des Reservoirs gedrückt. Durch den Zulaufkanal wird das Wasser zu einer Bohrung im Kegel des Werkzeugs geleitet. Der durch die Rotation erzeugte, statische Druck am Auslass des Werkzeugkegels p_1 lässt sich nach folgender Formel berechnen, wobei p_0 der Umgebungsdruck, ρ die Dichte der Flüssigkeit, ω die Winkelgeschwindigkeit und r_1 und r_2 die minimalen und maximalen Radien der Wassersäule relativ zur Rotationsachse sind:

$$p_1 = p_0 + \rho \frac{\omega^2}{2}\left(r_2^2 - r_1^2\right) \tag{5.1}$$

Unter der Annahme der angestrebten vollständigen Füllung des Reservoirs ergibt sich nach Formel 5.1 durch die Drehzahl ein statischer Wasserdruck von 2,09 N/mm² bei 30.000 min^{-1}. In Anbetracht der vorherrschenden Flächenpressungen und Kräfte im Kegel kann der Einfluss des Wasserdrucks auf das Aufweiten des Kegels also vernachlässigt werden.

Solange sich an der Zulaufbohrung am Werkzeugkegel kein Spalt gebildet hat, ist die Bohrung verschlossen und das Wasser kann nicht entweichen. Bildet sich bei steigender Drehzahl jedoch der zuvor beschriebene Spalt, dringt die Flüssigkeit in diesen ein und füllt ihn.

Bevor der Spalt einen Zulauf mit einem versetzt angeordneten Ablauf verbindet, kann der Spalt nicht erkannt werden. Verbindet der Spalt jedoch einen Zu- und Ablauf miteinander, kann das Wasser, wie in Abbildung 5.2 rechts dargestellt, durch den Ablaufkanal aus dem Spalt herausgeleitet werden, tritt an den Austrittsbohrungen aus und wird abgeschleudert. Die einfachste Möglichkeit zur Detektion des abgeschleuderten Wassers ist das Anbringen eines Löschpapierblattes in radialer Richtung vor den Austrittsöffnungen und die visuelle Überwachung, ob sich eine Spur bildet.

Das erste Versuchswerkzeug wurde entwickelt, um das Abheben des Kegels unter Drehzahl generell nachweisen zu können. Die Konstruktion ist in Abbildung 5.3 dargestellt und zeigt ebenfalls den Wasserfluss durch das Werkzeug.

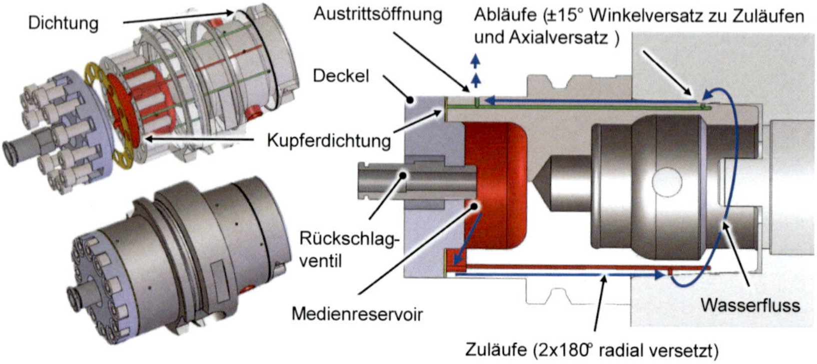

Abbildung 5.3: Entwurf des ersten Versuchswerkzeugs zur Spaltdetektion
Draft of the first experimental tool for the gap detection

In der Explosionsansicht oben links lässt sich der Versatz der Zu- und Ablaufbohrungen im Werkzeug erkennen. Die Abläufe sind ebenfalls von der Reservoirseite gebohrt und werden wie das Reservoir auch durch die Kupferdichtung verschlossen. Im Reservoir sind zwei Nuten eingefräst, die das Wasser in den Zulauf leiten. Die vier Abläufe liegen auf dem zylindrischen Absatz um 5 mm axial versetzt, sodass abgeschleudertes Wasser vier parallele Linien auf dem Löschpapier erzeugt. Zusätzlich ist die Betätigungsbohrung für manuelle Spannsysteme am Kegel mit Dichtmasse verschlossen und eine Dichtung am Kegelende eingebracht, um ein Abfließen des Wassers in die Spindel zu verhindern.

Bei einem Versuchslauf wird das Medienreservoir vollständig mit gefärbtem Wasser gefüllt, in der Spindel gespannt und ein Streifen Löschpapier in die Halterung geklebt, die das Werkzeug umschließt. In Drehzahlstufen von 500 min^{-1} wird das Werkzeug bis zur Maximaldrehzahl der Spindel beschleunigt, wobei jede Drehzahlstufe rund 30 Sekunden gehalten wird. Die Bildung der in Abbildung 5.4 anhand von zwei Beispielen gezeigten Austrittspuren zeigt die Öffnung des jeweiligen Auslasskanals an.

Abbildung 5.4: Beispielhafte Austrittspuren für zwei Drehzahlen
Exemplary leakage traces for two different rotational speeds

Ist bei einer Drehzahl die Öffnung eines Kanals detektiert worden, wird der Versuch erneut begonnen und die Drehzahlstufe schneller angefahren, um möglichst wenig

Flüssigkeit nach dem Öffnen des ersten Kanals zu verlieren. In der Auswertung werden demnach nur einzelne Punkte des durchfahrenen Drehzahlbandes dargestellt, an denen ein einzelner Versuch abgebrochen und die Spur untersucht wurde.

Die Methode wurde zunächst an einer Weiss 800022C Versuchsspindel mit einer durchgeschliffenen HSK-A 63-Aufnahme getestet.

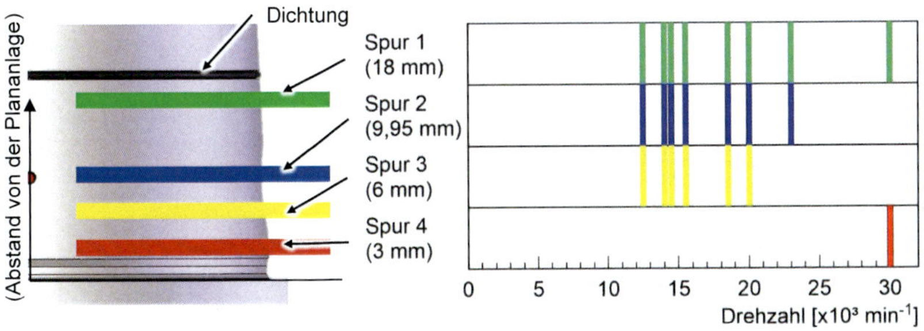

Abbildung 5.5: Kegelabheben an einer Weiss 800022C HSK-A 63-Versuchsspindel
Cone lift off with a Weiss 800022C HSK-A 63 experimental spindle

Das in Abbildung 5.5 dargestellte Ergebnis zeigt die Öffnung der ersten drei Kanäle bei einer Drehzahl von 12.500 min^{-1}. Das gleichzeitige Auftreten von Markierungen auf den drei oberen Spuren legt nahe, dass sich unter diesen drei Ablaufbohrungen bereits Spalte gebildet hatten und sich erst bei Erreichen der Drehzahl von 12.500 min^{-1} ein Spalt unter einer Zulaufbohrung gebildet hat und somit erst dann Flüssigkeit zum Austritt vorhanden war. Bei welcher Drehzahl sich unter diesen Ablaufbohrungen Spalte bilden, lässt sich so also nicht feststellen. In jedem Fall ist der Nachweis erbracht, dass sich Spalte zwischen Werkzeug- und Aufnahmekegel bilden.

Um die Bildung und Ausbreitung der Spalte zu veranschaulichen, zeigt Abbildung 5.6 die Veränderung des Kontaktabstands am HSK-A 63 bei diskreten Drehzahlstufen anhand einer FEM-Simulation. Die ersten Spalte bilden sich oberhalb der Mitnehmernuten und breiten sich dann sukzessive über den Umfang aus. Der von der tiefen Nut ausgehende Spalt ist stets größer und hat eine größere Ausdehnung.

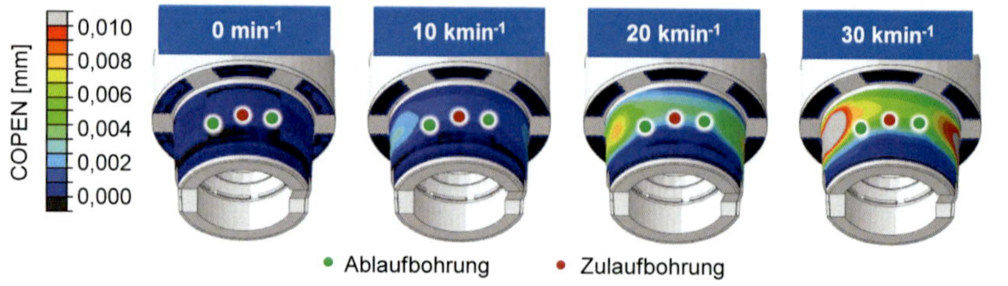

Abbildung 5.6: Spalte am HSK-A 63 bei steigender Drehzahl
Gap on HSK-A 63 with increasing speed

Die Zulaufbohrungen in Rot liegen, wie in Abbildung 5.3 dargestellt, bei diesem Werkzeug genau in der Mitte zwischen den Nuten, wo sich die beiden abgehobenen Bereiche treffen und somit zuletzt geöffnet werden. Die Ablaufbohrungen liegen 30° am Umfang jeweils in Richtung der beiden Nuten daneben und gehen somit früher auf, was das Ergebnis aus dem Versuch erklärt.

Die Darstellung der Ergebnisse in Abbildung 5.5 deutet darauf hin, dass ab einer Drehzahl von 20.000 min^{-1} Kanal drei und ab 23.000 min^{-1} Kanäle eins und zwei verschlossen wären, was nicht der Fall ist. Die höheren Drehzahlen wurden mit maximaler Spindelbeschleunigung angefahren, was notwendig ist, um ein Öffnen des Ablaufs bei 3 mm Abstand zur Plananlage überhaupt nachweisen zu können, da das Wasser ansonsten zu schnell durch die bereits geöffneten Kanäle eins bis drei ausströmt.

Zur weiteren Validierung der Methode wurde der Versuch an einer GMN HCS 230 Spindel wiederholt, die ebenfalls eine durchgeschliffene HSK-A 63-Aufnahme hat.

Bei der zweiten untersuchten Spindel öffnen sich die ersten Abläufe in einem ähnlichen Drehzahlbereich. Abbildung 5.7 zeigt, dass aus dem Ablauf bei 3 mm Abstand zur Plananlage jedoch kein Flüssigkeitsaustritt detektiert werden konnte.

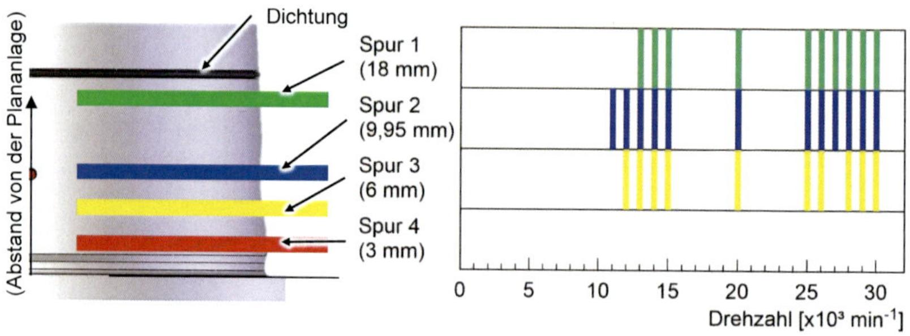

Abbildung 5.7: Kegelabheben an einer GMN HCS 230 HSK-A 63-Versuchsspindel
Cone lift off with a GMN HCS 230 HSK-A 63 experimental spindle

Als Zwischenfazit der Versuche mit dem ersten Versuchswerkzeug zur Spaltdetektion lassen sich vier wesentliche Punkte anführen:

- Es bilden sich Spalte zwischen Werkzeug- und Spindelkegel.
- Die Methode ist geeignet, um Spalte nachzuweisen.
- Die exakte Feststellung der Lage eines Spaltes ist nicht möglich, da nicht bestimmt werden kann, von welchem Zulauf die Flüssigkeit welchen Ablauf erreicht.
- Die sichere Bestimmung der Drehzahl, bei der ein einzelner Ablaufkanal geöffnet ist, ist nicht immer möglich, da die Flüssigkeit auch schon aus ersten offenen Kanälen vollständig entweichen kann, bevor die gewünschte Drehzahl erreicht ist.

Um die Defizite aus den beiden unteren Punkten des vorangestellten Zwischenfazits zu lösen, wurde ein zweites Versuchswerkzeug entwickelt.

Der Entwurf nach Abbildung 5.8 sieht eine Erhöhung der Anzahl von Zu- und Abläufen vor. Sowohl alle Zu- als auch Abläufe lassen sich getrennt voneinander einsetzen und auswerten. Dies wird über eine Modifikation der Kanäle und der Kupferdichtung realisiert. Das Medienreservoir wird über eine Nut in der Dichtung mit dem rot dargestellten Zulaufkanal verbunden (1). Das Wasser fließt in bekannter Weise zur Auslassöffnung im Kegel (2) und tritt über den Spalt in einen der grün dargestellten Abläufe (3). Dieser ist nicht wie beim ersten Werkzeug direkt mit einer blau dargestellten Austrittsöffnung (5) verbunden, sondern wird erst durch eine Nut in der Kupferdichtung mit dieser verbunden (4). Durch verschiedene Kupferdichtungen mit alternativen Nuten (4) kann sichergestellt werden, dass verschiedene Kombinationen aus Zu- und Abläufen untersucht werden können. So kann die Ausdehnung eines Spaltes zwischen diskreten Zu- und Ablaufbohrungen ermittelt werden.

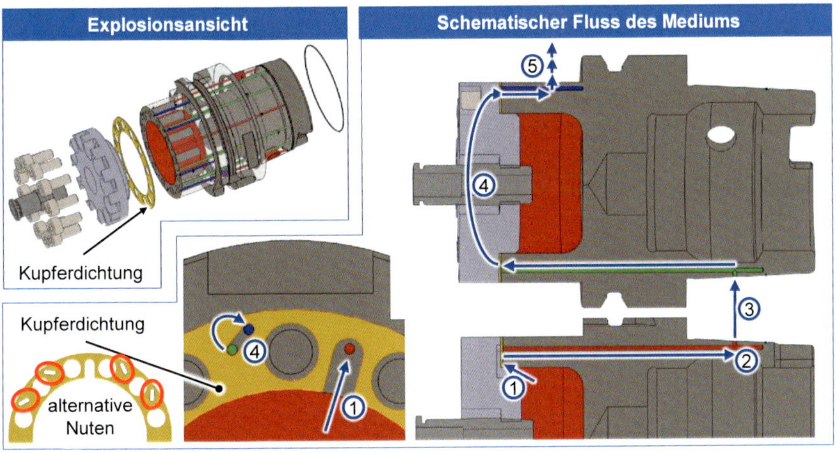

Abbildung 5.8: Entwurf des zweiten Versuchswerkzeugs zur Spaltdetektion
Design of the second experimental tool for the gap detection

Um die Positionen der Zu- und Abläufe bei diesem Werkzeug so zu legen, dass sich das Ausbreiten der angehobenen Bereiche besser verfolgen lässt, sind die Zu- und Abläufe entsprechend der abgehobenen Bereiche in der Finite-Elemente-Simulation aus Abbildung 5.6 festgelegt worden. Die Positionen der vier Zu- und acht Abläufe sind in der Abwicklungsdarstellung von Kegel- und Mantelfläche in Abbildung 5.9 mit den Abständen von der Plananlage dargestellt. Die acht Abläufe sind ebenfalls den vier Spuren zugeordnet, auf denen jeweils zwei Austrittsöffnungen die gleiche axiale Position haben. Daher dürfen diese beiden Abläufe nicht gleichzeitig eingesetzt werden, da man sie dann nicht unterscheiden kann.

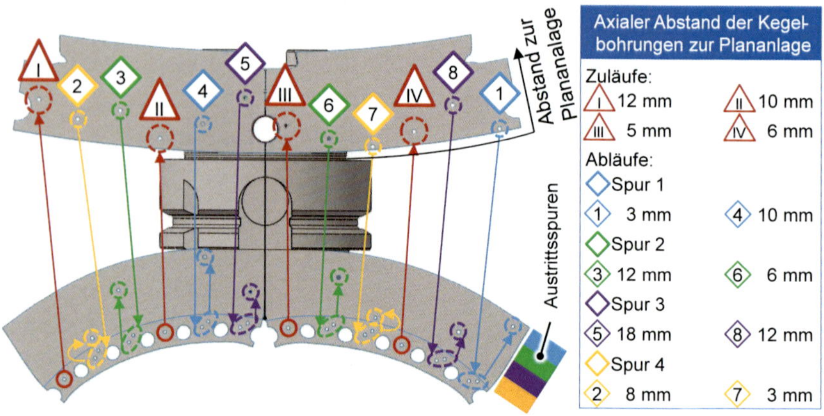

Abbildung 5.9: Übersicht der einzeln einsetzbaren Zu- und Abläufe
Overview of individually applicaple inlets and outlets

Die Zu- und Abläufe lassen sich so kombinieren, dass nicht nur das reine Auftreten eines Spaltes, sondern auch die Ausdehnung des Spaltes zwischen Zu- und Ablauf festgestellt werden kann. Durch den Einsatz verschiedener Konfigurationen von Kupferdichtungen lassen sich alle Kombinationen aus Zu- und Abläufen untersuchen. Die Ergebnisse in Abbildung 5.10 sind einem Versuchsplan folgend erzielt worden, bei dem von jedem Zulauf die benachbarten vier Abläufe entweder gemeinsam oder einzeln untersucht wurden (beispielsweise Zulauf II und Ablauf 3 oder Abläufe 4 und 5).

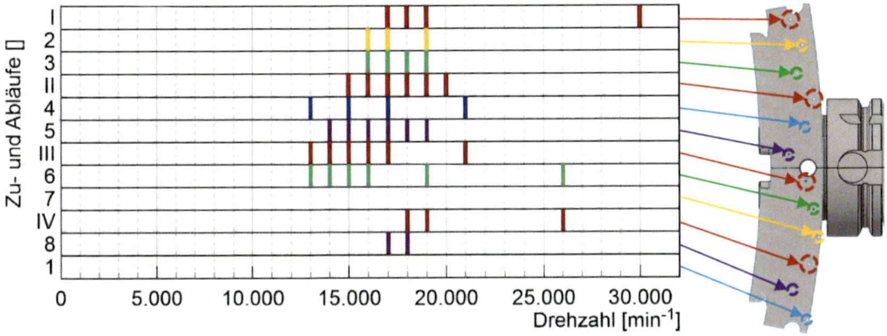

Abbildung 5.10: Kegelabheben an einer Weiss 800022C HSK-A 63-Versuchsspindel - Versuchswerkzeug 2

Cone lift-off on a Weiss 800022C HSK-A 63 test-spindle - test-tool 2

Am Beispiel von 13.000 min^{-1} zeigt sich, dass nebeneinanderliegende Kanäle nicht zwangsweise in aufsteigender Reihenfolge eine Spaltbildung anzeigen, sondern einzelne Kanäle übersprungen werden. Dies liegt an der ungleichförmigen Ausbildung des Spaltes und der Anordnung der Kegelbohrungen.

Versuche, bei denen die untersuchten Kanäle einen Flüssigkeitsaustritt zeigten, wurden mit höheren Drehzahlen wiederholt, allerdings leert sich bei hohen Drehzahlen das Wasserreservoir sehr schnell, so dass hier keine weiteren Ergebnisse in Abbildung 5.10 eingetragen werden konnten.

Bei den Abläufen 1 und 7, die 3 mm von der Plananlage entfernt liegen, konnte bis zur maximalen Drehzahl von 30.000 min^{-1} kein Wasseraustritt an den Auslässen verzeichnet werden. Trotzdem enthielt das Wasserreservoir nach Versuchsende keine Flüssigkeit mehr. Flüssigkeit im Bereich des Spannsatzes deutet darauf hin, dass Flüssigkeit an dem O-Ring am Kegelende vorbeifließen kann. Der O-Ring mit einer Schnurstärke von 0,5 mm in einer 0,37 mm tiefen Nut kann nur weniger als 0,13 mm große Spalte abdichten. Die Spalte im Bereich der Nut sind den Simulationen aus Kapitel 5.2 folgend jedoch genau in dieser Größenordnung und in kleinen Bereichen auch größer. Es kann dennoch nicht darauf geschlossen werden, dass sich an den Positionen der Abläufe 1 und 7 nicht dennoch ein Spalt ausgebildet hat und die radiale Führung des Werkzeugs beeinträchtigt war. Bei Zulauf I konnte reproduzierbar gezeigt werden, dass das Reservoir entleert war.

In der Versuchsdurchführung hat sich gezeigt, dass die Möglichkeit, einzelne Zu- und Abläufe gezielt zu untersuchen, die Sicherheit bei der örtlichen Auflösung des Abhebens des Kegels deutlich steigert. Die Abdichtung des Kegels bleibt eine Herausforderung.

5.2 Simulative Untersuchung des Kegelabhebens

Simulative investigation of cone lift-off

Um die Auswirkungen des in Kapitel 5.1 nachgewiesenen Kontaktverlusts in Kapitel 5.3 zu diskutieren und hinsichtlich seiner Auswirkungen auf die Betriebssicherheit bewerten zu können, werden in diesem Kapitel die Ergebnisse einer Finite-Elemente-Simulation des Kegelabhebens mit den Versuchsergebnissen verglichen und die räumliche Ausdehnung der Spalte dargestellt.

Hierzu wurde ein vereinfachtes Simulationsmodell der Weiss 800022C Versuchsspindel mit der Software Abaqus CAE erstellt.

Ausgehend von dem vollständigen CAD-Modell wurde eine Modellvereinfachung zur Reduzierung der Rechenzeiten durchgeführt. Die nicht rotierenden Komponenten sowie die Lager und die Betätigung des Spannsystems wurden hierzu entfernt. Die Lager wurden durch parametrierte Couplings ersetzt, um die Aufweitung der Spindel an den Lagerstellen möglichst realitätsnah nachbilden zu können. Die Spannstange und das Federpaket wurden durch ein Wire-Element mit entsprechender Steifigkeit ersetzt. Der Einzugsvorgang erfolgt zunächst weggesteuert, im Anschluss wird kraftgesteuert eine Spannkraft von 18 kN eingestellt. Eingesetzt wurde das in Abbildung 5.11 dargestellte Modell eines OTT-Jakob Automatikspannsatzes, welcher über eine Spannkraftverstärkung verfügt. Die Federkraft F_{Ein} greift hier am Ende des Spannbolzens an. Die Werkzeugaufnahme ist wie in der realen Spindel als Flansch ausgeführt. Sämtliche Kontaktstellen sind mit feiner vernetzten, dünnwandigen Elementen nachgebildet, welche durch die höhere Knotenanzahl eine bessere Darstellung der Kontakte erlauben, wohingegen das restliche Modell gröber vernetzt ist, um die Rechenzeiten zu verringern, ohne dabei die Ergebnisgüte negativ zu beeinflussen.

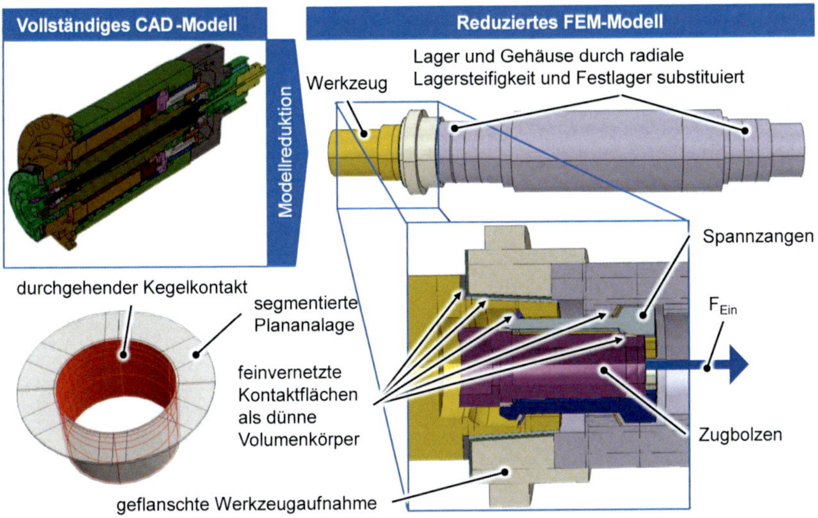

Abbildung 5.11: Reduziertes FEM-Modell der Weiss 800022C Versuchsspindel
Reduced FEM-modell of the Weiss 800022C test-spindle

Die Plananlagefläche ist, wie in Abbildung 5.11 dargestellt, segmentiert ausgeführt. Der Kegelkontakt kann durch die Definition der Kegelkontaktfläche entweder wie dargestellt durchgehend oder ab 19,9 mm freigestellt abgebildet werden.

Um die Kontaktöffnung des HSK-A unter hohen Drehzahlen nachvollziehen zu können, werden der Abstand der in Kontakt stehenden Flächen (*COPEN)*, deren Flächenpressung (*CPRESS)* und die Kontaktöffnung an den diskreten Knoten, die den Zu- und Abläufen entsprechen, ausgewertet. Die Berechnung erfolgt jeweils mit einem durchgeschliffenen und mit einem ab 19,9 mm freigestellten Kegel.

Der Vergleich der Versuchsergebnisse mit dem Ergebnis der Simulation in Abbildung 5.12 zeigt eine weitgehende Übereinstimmung des Abhebens ab einer Drehzahl von 12.500 min^{-1}. Hier zeigt das Versuchsergebnis mit dem Versuchswerkzeug im unteren Abbildungsteil den Wasseraustritt bei drei Kanälen an. Ebenso zeigt sich ein Knick in den simulierten Kontaktabstandsverläufen der Zu- und Abläufe im oberen Abbildungsteil. Die Bohrungen, die sich im mittleren Abstand zur Plananlagefläche befinden, weisen größere Kontaktabstände bei geringeren Drehzahlen auf, als dies bei den Bohrungen an der Plananlage (Ablauf 4) und am Kegelende (Ablauf 1) der Fall ist.

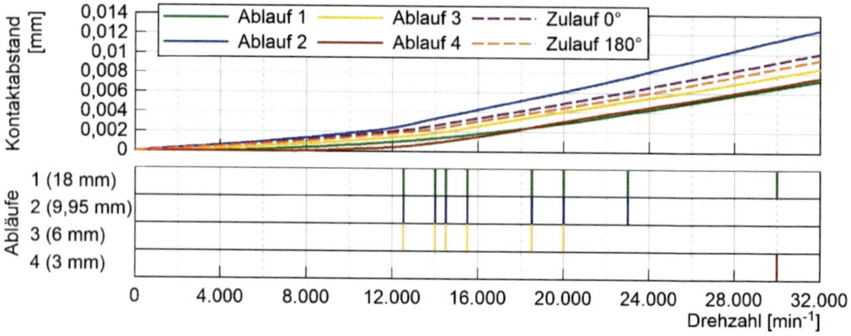

Abbildung 5.12: Vergleich zwischen Versuch und FEM-Simulation Weiss 800022C (Kegel durchgeschliffen | Werkzeug erste Generation)
Comparison between test and FEM-Simulation Weiss 800022C (cone ground through | first generation tool)

Ebenfalls ist auffällig, dass bei der guten Übereinstimmung der qualitativen Verläufe erst bei einem simulierten Kontaktabstand zwischen 1,0 µm (Ablauf 1) und 2,7 µm (Ablauf 2) ein Austreten des Fluids zu beobachten ist. Dementsprechend kann aus einem simulierten Kontaktabstand größer Null nicht auf die Bildung eines Spalts geschlossen werden.

Der Simulation entsprechend, wäre der vierte Ablauf bei 3 mm Abstand zur Plananlage bei niedrigeren Drehzahlen als der maximal untersuchten Drehzahl von 30.000 min^{-1} geöffnet. Dies zeigt sich nicht in den Versuchsergebnissen.

Um die Güte der Versuchsergebnisse zu verbessern, wurden wie zuvor beschrieben, alle Zu- und Ablaufkanäle einzeln nutzbar gemacht und das Versuchswerkzeug der zweiten Generation zum Einsatz gebracht. Bei dessen Entwicklung wurden die Ergebnisse der FE-Simulation zur Kontaktöffnung aus Abbildung 5.14 vorweggenommen, um die Lage der Kanäle optimieren zu können. Gemäß ihrer Lage ergibt sich für die Kontaktabstände der Zu- und Ablaufkanäle das in Abbildung 5.13 dargestellte Bild.

Auch hier zeigt sich, dass Kanäle mit ähnlichen simulierten Kontaktabstandsverläufen zum Teil ein gänzlich anderes Verhalten im Versuch zeigen. Oberhalb von 12.000 min^{-1} zeigt die Simulation ein Abknicken der Kurven, gleichzeitig konnten hier die ersten Flüssigkeitsaustritte im Versuch nachgewiesen werden.

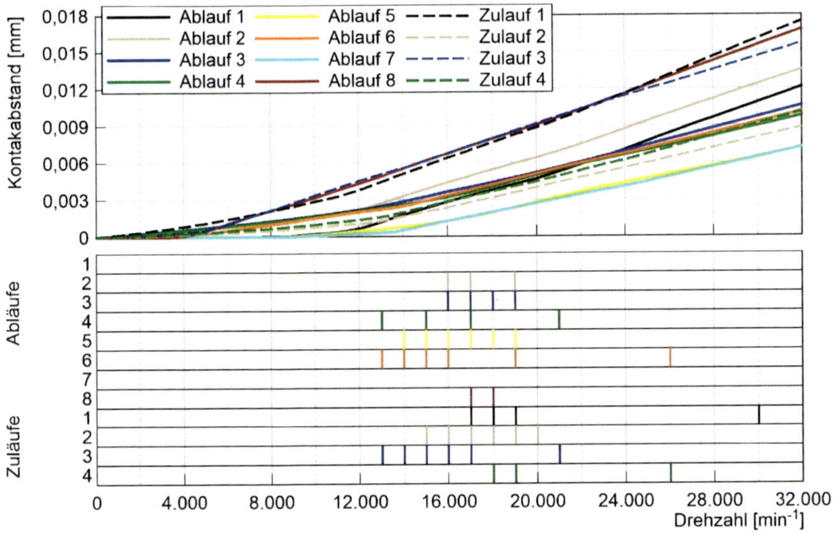

Abbildung 5.13: Vergleich zwischen Versuch und Simulation Weiss 800022C (Kegel durchgeschliffen | Werkzeug zweite Generation)
Comparison between test and simulation Weiss 800022C (cone ground throug | second generation tool)

Die Simulationsergebnisse oben zeigen in einigen Fällen keine gute Übereinstimmung mit den Versuchsergebnissen unten, wie zum Beispiel bei den Abläufen 5 und 7. Diese verlaufen in der Simulation fast gleich, hingegen konnte für den Ablauf 7 kein Wasseraustritt detektiert werden, wohingegen Ablauf 5 schon bei 14.000 min^{-1} einen Wasseraustritt anzeigt.

Die Abläufe 1 und 7, die beide keinen Wasseraustritt anzeigen, sind diejenigen Kanäle, die der Plananlage mit 3 mm Abstand am nächsten liegen. Diese Bereiche wären für eine radiale Führung des Werkzeugs die wichtigsten Bereiche, weisen in der Untersuchung allerdings auch die Herausforderung auf, dass bei den laut Simulationsergebnis gegebenen Kontaktabständen das Fluid auch in den Freistich einfließen kann, wenn die Ablaufbohrungen offen liegen.

Die Darstellung des flächigen Verlaufs des Kontaktabstandes über die gesamte Kegelfläche in Abbildung 5.14 gibt einen Eindruck über die Ausdehnung der abgehobenen Bereiche.

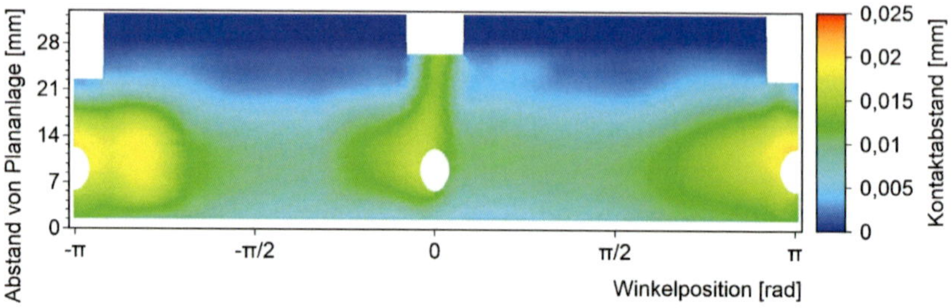

Abbildung 5.14: Kontaktöffnung bei durchgeschliffenem Kegel bei 32.000 min^{-1}
Contact opening with ground through cone at 32.000 min^{-1}

Die Abwicklung des Kegels in Abbildung 5.14 zeigt den Kontaktabstand bei einer maximalen Drehzahl von 32.000 min^{-1}. Deutlich ist zu erkennen, dass insbesondere im Bereich der beiden Zugriffsbohrungen für manuelle Spannsysteme bei -π, 0 und π der Kontaktabstand besonders groß ist. Dazwischen bilden sich bei -π/2 und π/2 Bereiche aus, in denen der Kontaktabstand geringer ist. Im Bereich der flachen Nut bei 0 zeigt sich ein durchgehendes Band von der Zugriffsbohrung zum Ende der Nut, in dem der Abstand größer 0,01 mm ist. Da dieses Band Kontaktabstände in der Größenordnung aufweist, die der Differenz zwischen Dichtschnurdurchmesser (0,5 mm) und Nuttiefe des O-Rings (0,37 mm) entspricht, die den Kegel zum Spannsatz hin abdichten soll, kann nicht ausgeschlossen werden, dass in diesem Bereich die Flüssigkeit bei höheren Drehzahlen in Richtung des Spannsatzes entweichen kann.

Es zeigt sich auch, dass sich im Bereich des Freistichs an der Plananlage keine Kontakte ausbilden. Die tragenden Kontaktbereiche liegen im Bereich des Kegelendes.

Anders als die Versuchsergebnisse deutet dies darauf hin, dass keine radiale Führung des Kegels nahe der Plananlage vorliegt.

Zum Vergleich der Kontaktabstände aus Abbildung 5.14 zeigt Abbildung 5.15 die korrespondierenden Flächenpressungen.

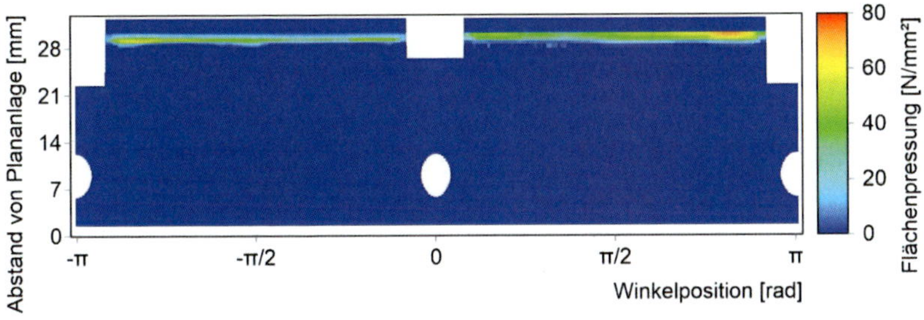

Abbildung 5.15: Flächenpressung bei durchgeschliffenem Kegel bei 32.000 min^{-1}
Surface pressure with ground through cone at 32.000 min^{-1}

Hier wird deutlich, dass sich durch die Verformung des Kegels lediglich ein schmales tragendes Band am Kegelende ausbildet. Hierbei ist zu beachten, dass das Band das Ende des aufnahmeseitigen Kegels darstellt, welcher kürzer als der Werkzeugkegel ist.

Aus den vorhergehenden Betrachtungen und Ergebnissen lässt sich folgern, dass der HSK-A 63-Kegel in einer durchgeschliffenen Aufnahme keine radiale Führung bei hohen Drehzahlen nahe der Plananlage aufweist.

Da es dem Hersteller überlassen ist, die Freistellung des Aufnahmekegels ab 19,9 mm vorzunehmen, wird auch diese Ausführungsform simulativ untersucht.

Abbildung 5.16 zeigt dementsprechend nur den Kontaktabstand des definierten Bereiches zwischen dem Freistich an der Plananlage und dem Kegelende. Es zeigt sich, dass sich im Vergleich zum durchgeschliffenen Kegel Bereiche mit größeren Kontaktabständen und gleichzeitig größeren Ausdehnungen ausbilden. Die einzig verbleibenden Kontaktbereiche sind bei -π/2 und π/2 am Kegelende zu finden.

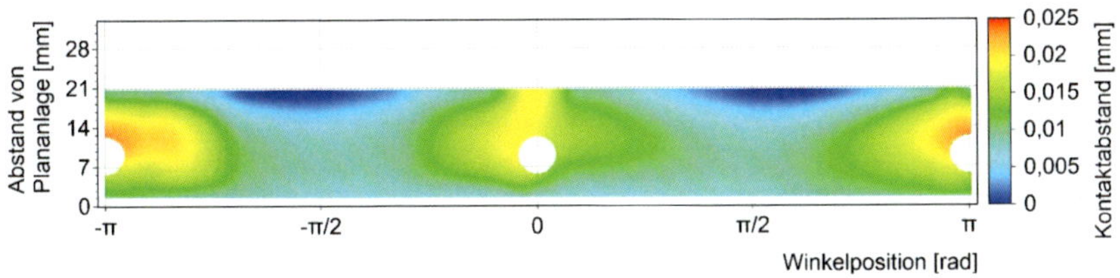

Abbildung 5.16: Kontaktöffnung bei freigestelltem Kegel ab 19,9 mm bei 32.000 min^{-1}
Contact opening with cut-out cone from 19,9 mm at 32.000 min^{-1}

Der Vergleich der Kontaktabstände aus Abbildung 5.16 mit den Flächenpressungen aus Abbildung 5.17 zeigt, dass sich lediglich zwei sehr kleine Kontaktbereiche ausbilden. Diese bilden demnach die einzige radiale Führung des Werkzeugs bei der dargestellten Drehzahl.

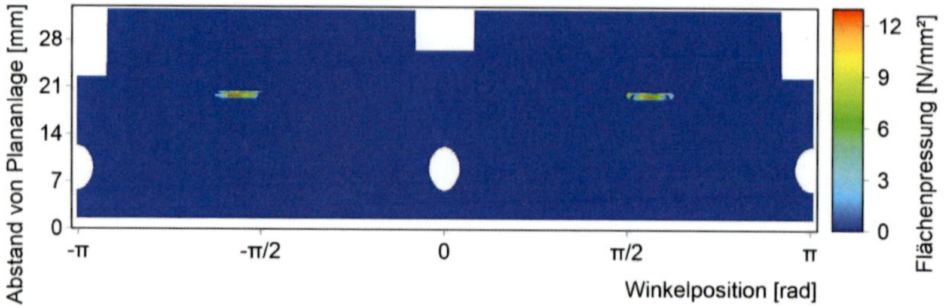

Abbildung 5.17: Flächenpressung bei freigestelltem Kegel ab 19,9 mm bei 32.000 min^{-1}
Surface pressure with cut-out cone from 19,9 mm at 32.000 min-1

Diese Führung des Werkzeugs an lediglich zwei gegenüberliegenden Punkten mit sehr geringen Pressungen zeigt, dass das Werkzeug nicht mehr radial über den vollen Umfang geführt wird und somit eine Verschiebung in der Plananlageebene möglich wird.

Bei der Betrachtung der Differenzen zwischen Versuchsergebnis und der Simulation müssen folgende Punkte betrachtet werden:

- Die Kegeloberflächen im Simulationsmodell sind ideal rund modelliert und der Kontakt wird über einen Hard-Contact simuliert, sodass der Kontakt idealsteif angenommen wird und keine Einfederungen der Oberflächen stattfinden.
- Die interne Verspannung des angeschraubten Spindelflansches wird nicht abgebildet, genauso wie sämtliche Bohrungen in der Spindelnase nicht abgebildet werden.

Demnach sollten die gezeigten Simulationsergebnisse als Ergänzung der Versuche und im derzeitigen Stadium nicht als ihr Ersatz verstanden werden. Die Versuche selbst zeigen auch nach der Optimierung des Werkzeugs noch Limitierungen, die zum Beispiel aus der Möglichkeit des Flüssigkeitsaustritts entstehen. Wie unter Zuhilfenahme der Simulationsergebnisse gezeigt wurde, kann das Fluid am Kegelende trotz des dichtenden O-Rings entweichen. Ebenso kann nicht ausgeschlossen werden, dass Flüssigkeit aus dem Freistich an der Plananlage entweicht, sobald die dortigen Ablaufbohrungen offen liegen.

Zusammenfassend stützt die Simulation die Ergebnisse aus den Versuchen und zeigt gleichsam, dass das Versuchswerkzeug in der Lage ist, einen Kontaktverlust anzuzeigen, allerdings ist der Umkehrschluss nicht zulässig, dass das Versuchswerkzeug durch ausbleibenden Fluidaustritt den Kontakt sicher nachweisen kann, da das Wasser je nach Aufweitung und Spindelkonstruktion (Blasbohrungen, o.Ä.) auch auf anderem Weg entweichen kann.

5.3 Auswirkungen der geometrischen Veränderungen

Effects of geometric changes

In den vorangehenden Abschnitten wurde nachgewiesen, dass es bei der HSK-A 63 Werkzeugschnittstelle zum Verlust der radialen Führung des Werkzeugs im Kegel bei hohen Drehzahlen kommen kann. Die Auswirkungen der geometrischen Veränderungen von Werkzeug- und Aufnahmekegel unter Fliehkraft, die zum Verlust der radialen Führung führen, werden in diesem Kapitel diskutiert.

Durch den Verlust der radialen Führung besteht die Möglichkeit, ein Werkzeug radial zum Kegel und damit entlang der Plananlage verschieben zu können und dieses somit aus seiner zentrischen Lage zu bewegen.

Unter der Annahme, dass der Kegel seine radiale Führung gänzlich verliert, kann die notwendige Kraft zum Verschieben eines Werkzeugs relativ zur Plananlage nach Abbildung 5.18 links bestimmt werden.

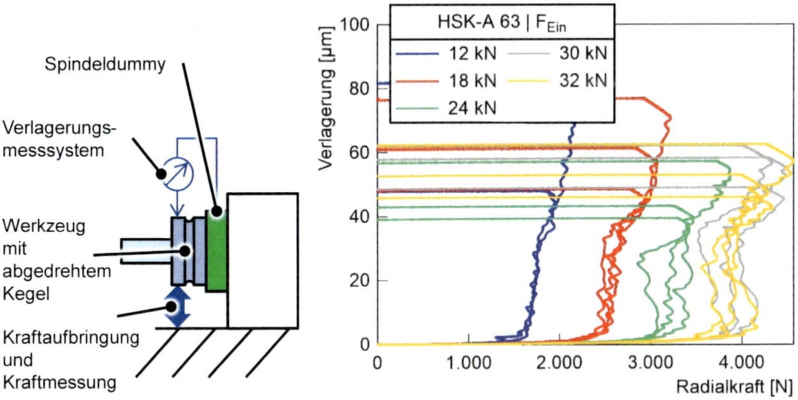

Abbildung 5.18: Messung des radialen Verlagerungsverhaltens an der Plananlage
Measurement of radial displacement behaviour at the flange face

Hierzu wird ein Werkzeug mit einem abgedrehten Kegel, welcher keinen radialen Kontakt mehr aufweisen kann, in einer normkonformen Aufnahme eingespannt, eine Radialkraft aufgebracht und die Verlagerung parallel zur Plananlagefläche gemessen. Das Ergebnis der Untersuchung in Abbildung 5.18 rechts zeigt den Einfluss der Einzugskraft auf die notwendige Radialkraft zur Verschiebung entlang der Plananlagefläche. Diese liegt mit rund 2.500 N für 18 kN und rund 3.700 N bei 32 kN im Bereich von Vorschubkräften, die von HSK-A 63-Maschinen erreicht werden.

Eine rein analytische Berechnung entsprechend der Formel für Coulomb'sche Reibung

$$F_R = F_{Ein} \cdot \mu \quad (5.2)$$

ergibt für Reibwerte μ von Stahl auf Stahl zwischen 0,1 für geschmierte und 0,5 für trockene Bedingungen bei 18 kN Einzugskraft Werte zwischen 1,8 und 9 kN. Ebenso ergeben sich für 32 kN Werte zwischen 3,2 und 16 kN. Das Versuchsergebnis aus Abbildung 5.18 entspricht also eher den geschmierten Bedingungen, auch wenn das Werkzeug im Versuch nicht explizit geschmiert war, aber Schmierstoffreste auch nicht mit Lösemitteln entfernt wurden. Damit ist das Ergebnis plausibel.

Diesem Ergebnis entsprechend ist eine Verschiebung der Werkzeuge relativ zur Plananlage möglich.

Ebenfalls muss betrachtet werden, dass Spannsysteme für den Hochdrehzahlbereich häufig mit einer Spannkraftverstärkung arbeiten. Da es kein bekanntes Einzugskraftmessgerät für den relevanten Drehzahlbereich gibt, wird zur Abschätzung der Spannkrafterhöhung unter Rotation ein FEM-Simulationsmodell herangezogen.

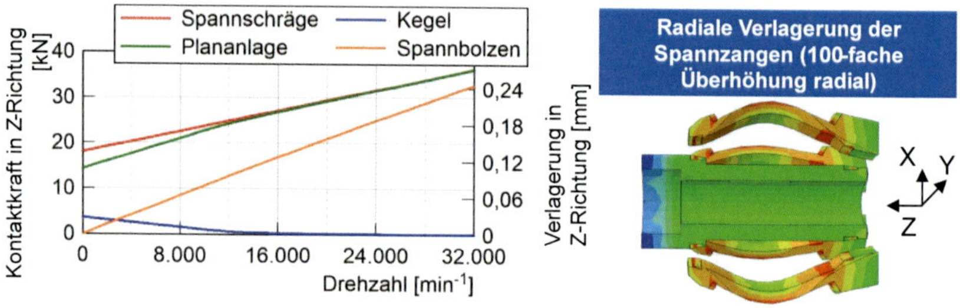

Abbildung 5.19: Fliehkrafteinfluss auf Spannsatz und resultierende Kräfte
Influence of centrifugal force on clamping set and resulting forces

Für die Abbildung 5.19 zugrunde liegende Simulation wurde ein kraftverstärkender Spannsatz in Anlehnung an das Spannprinzip von Ott-Jakob Spanntechnik nachgebildet. Das Diagramm zeigt zum einen die Kontaktkräfte und die Verlagerung des Spannbolzens in Z-Richtung. Im Stillstand ist die Spannkraft auf 18 kN eingestellt, die sich auf Plananlage und Kegel verteilt. Unter steigender Drehzahl weitet sich der Spindelkegel, wie in Abschnitt 5.2 gezeigt, auf und die Axialkraft im Kegel sinkt, bis sie vollständig abgefallen ist. Somit liegt ab ca. 12.000 min^{-1} die vollständige Einzugskraft auf der Plananlage an. Zusätzlich steigt die Einzugskraft durch Fliehkrafteffekte auf Spannzangen und Spannbolzen von ursprünglich 18 kN auf rund 33 kN an. Die Deformation und Verlagerung des Spannsatzes, die unter Drehzahl erfolgt, ist in Abbildung 5.19 rechts dargestellt.

Unter den fraglichen Drehzahlen, bei denen es zu einem Verlust der radialen Führung kommt, wird die Plananlagekraft bei bestimmten realen Spannsätzen also gegenüber den in Abbildung 5.18 dargestellten Kräften noch zusätzlich erhöht. Ausgeschlossen werden kann dadurch jedoch nicht, dass die Vorschubkräfte nicht dennoch eine Plananlageverschiebung auslösen.

Vorausgesetzt, dass diese Verschiebekräfte von Vorschubkräften ausgelöst werden und die Spindel dabei dreht, ist von einer umlaufenden Last bezogen auf die Spindel auszugehen. Kommt es zu der beschriebenen Verschiebung, erfolgt die Verschiebung des Werkzeugs also konstant entgegen der Vorschubrichtung und erzeugt damit eine zyklische Bewegung des Werkzeugs relativ zur Spindel entlang der Plananlage. Diese wirkt sich, ähnlich wie elastische Deformationen des Werkzeugs, nicht auf die Unwucht des Werkzeugs aus, da sie nicht mit umläuft. Gleichermaßen führt sie auch nicht zu einem exzentrischen Lauf des Werkzeugs.

Lediglich in dem Moment, in dem die notwendige Kraft zum Verschieben des Werkzeugs entlang der Plananlagefläche im Zerspanprozess sprunghaft unterschritten wird, verbleibt eine Restexzentrizität, die relevant für den Wuchtzustand wäre. In allen anderen Fällen, in denen die Kraft rampenförmig abfällt, würde dadurch das Werkzeug auch wieder in eine zentrische Lage bewegt und es entstünde keine verbleibende Restunwucht.

Durch die zyklische Relativverlagerung der Flächen können sich darüber hinaus Tribokorrosionsspuren ähnlich zu Kapitel 4 ausbilden, deren Nachweis einer Belastungseinheit bedarf, die die notwendigen Drehzahlen und Radialkräfte aufbringen kann.

5.4 Zusammenfassung und Zwischenfazit

Summary and interim conclusion

Allen zuvor gezeigten Ergebnissen und Betrachtungen zur Folge kann sich unter höchsten Drehzahlen ein Zustand einstellen, in dem die radiale Führung des HSK-A 63-Kegels nahe der Plananlagefläche und in weiten Teilen der restlichen Kegelfläche nicht vorhanden ist. Am Kegelende verbleiben jedoch tragende Bereiche, die genauso wie die Plananlage durch Reibschluss einer Verschiebung des Werkzeugs entgegenwirken. Je nach verwendetem Spannsystem erhöhen Fliehkrafteffekte die Einzugskraft, während die Kegelkraft durch den Kontaktverlust gegen Null sinkt und damit die Reibkraft im Plananlagekontakt weiter steigt.

Da die Verschiebekräfte für diesen Zustand vorstellbar sind, gilt es im Weiteren den Einfluss der verbleibenden tragenden Fläche des Kegels zu bestimmen.

So lässt sich in einem kombinierten Ansatz aus Untersuchung des Kegelabhebens an der realen Spindel, der Simulation der Einzugskraftverstärkung unter Drehzahl und den noch zu bestimmenden absoluten Kraft-Verlagerungs-Kennlinien für das Werkzeug entlang der Plananlage eine Vorhersage für die Verlagerung eines Werkzeugs bezogen auf Drehzahl und Vorschubkraft erzielen.

Für jede Spindel kann so ein Tupel aus Drehzahl und Vorschubkraft ermittelt werden, bei dem eine Plananlageverschiebung gerade noch nicht auftritt.

Die Methode zur Untersuchung des Kegelabhebens lässt sich nach vorheriger Anpassung auf die tragenden Bereiche auch auf die Werkzeugschnittstellen SK, PSC und TS übertragen. Die Adaption an andere HSK-Bauformen ist ebenfalls möglich und erlaubt beispielsweise den interessanten Abgleich zur Bauform E, welche keine Mitnehmernuten hat und daher ein symmetrisches Verformungsverhalten aufweisen müsste.

Die Baugrößen kleiner als 63 bieten ein hohes Potenzial zur Anwendung der Methode, da hier mit deutlich höheren Drehzahlen gearbeitet wird, auch wenn das Einbringen der Kanäle in die dünneren Wandungen fertigungstechnische Herausforderungen mit sich bringt.

6 Einfluss der Werkzeugschnittstelle auf den Bearbeitungsprozess

Influence of the tool interface on the machining process

Die Werkzeugschnittstelle liegt bei jeder Bearbeitung im direkten Kraftfluss der Maschine und hat daher einen Einfluss auf den Bearbeitungsprozess. Aus den vorhergehenden Kapiteln und vorherigen Arbeiten ist bekannt, dass verschiedene Werkzeugschnittstellen unterschiedliche statische und dynamische Eigenschaften haben. In diesem Kapitel soll der Einfluss der Werkzeugschnittstelle auf das statische und dynamische Verhalten von Werkzeugmaschinen und in der Folge auf den Bearbeitungsprozess untersucht werden. Hierzu werden Methoden vorgestellt, die es erlauben, die Einflüsse der Werkzeugschnittstelle auf das statische und dynamische Prozessverhalten von Werkzeugmaschinen zu untersuchen.

Das statische Verhalten von Werkzeugschnittstellen und Methoden zu deren Charakterisierung wurden von MÜLLER beschrieben [MÜLL16]. Anhand der statischen Kennwerte lassen sich jedoch nicht ohne Weiteres Rückschlüsse hinsichtlich des Einflusses der Werkzeugschnittstelle auf die Steifigkeit der gesamten Werkzeugmaschine ziehen. Für den Anwender ist die Steifigkeit der Werkzeugschnittstelle jedoch nur von untergeordneter Relevanz, da die Gesamtsteifigkeit der Maschine die relevante Einflussgröße für das Bearbeitungsergebnis darstellt. In Kapitel 6.1 wird anhand von zwei Methoden der Einfluss der Werkzeugschnittstelle auf das statische Verhalten der Werkzeugmaschine untersucht.

Das statische Verhalten ist bestimmend für die geometrische Verformung der Werkzeugmaschine unter Krafteinwirkung und damit für geometrische Abweichungen des Bearbeitungsergebnisses von der programmierten Bahn. Das dynamische Maschinenverhalten beschreibt das Schwingverhalten der Maschine und wirkt sich auf die dynamische Prozessstabilität aus [WECK77]. Ein relevantes Phänomen, dass aus dem dynamischen Maschinenverhalten resultiert, ist das sogenannte Rattern. Die entstehenden Schwingungen führen zu schlechten Oberflächen und können auch zu erhöhtem Schneidenverschleiß führen. Abschließend wird der Einfluss der Werkzeugschnittstelle und der Einzugskraft auf das dynamische Stabilitätsverhalten untersucht.

6.1 Statische Steifigkeit der Gesamtmaschine

Static stiffness of the total machine

Der Einfluss der statischen Biegesteifigkeit der Werkzeugschnittstelle auf die statische Steifigkeit der gesamten Werkzeugmaschine lässt sich anhand der bekannten Kennwerte ohne Kenntnis der Maschinensteifigkeit nicht quantifizieren. Die statischen Kennwerte Biegesteifigkeit und kritisches Biegemoment sind dazu bestimmt worden, um Schnittstellen untereinander vergleichen zu können.

In Kapitel 6.1.1 wird zunächst eine Methode entwickelt, den Einfluss der Werkzeugschnittstellensteifigkeit auf die Steifigkeit einer gesamten Werkzeugmaschine zu bestimmen. Diese Methode ist darauf ausgelegt, mit einfachen messtechnischen Mitteln eine Aussage über die auf den Tool-Center-Point bezogene Steifigkeit der Werkzeugmaschine in Abhängigkeit von der Werkzeugschnittstellensteifigkeit zu treffen. Anhand der Ergebnisse kann eine Aussage getroffen werden, ob und in welcher Dimension die Werkzeugschnittstelle die Gesamtsteifigkeit der untersuchten Maschinen bestimmt. Die Methode wird an verschiedenen Maschinen angewandt, die notwendigen Randbedingungen sowie die Aussagekraft der Ergebnisse werden diskutiert und die mögliche Übertragbarkeit der vorhandenen statischen Kennwerte auf diese Methode bewertet.

Motiviert durch die Ergebnisse aus Kapitel 4 wird in Kapitel 6.1.2 die Übertragbarkeit der gewonnen Erkenntnisse aus den statischen und quasistatischen Untersuchungen im Stillstand und in der Rotation auf die Bearbeitung untersucht. Insbesondere wird hierbei der Fokus darauf gelegt, einen Abgleich der qualitativen Erkenntnisse und der quantitativen Ergebnisse aus den Prüfstandsversuchen in der Bearbeitung zu erreichen. Hierzu wird die Methode zur Untersuchung der Abdrängung im Bearbeitungsprozess nach MÜLLER eingesetzt, wie sie in Kapitel 2.3 beschrieben wurde. Insbesondere werden hier die Limitierungen des Optimierungspotentials, welche in Kapitel 6.1.1 beschrieben werden, durch die Variation der Einzugskraft an einer HSK-A 63 Hauptspindel sowie durch den Einsatz einer monolithischen Hauptspindel ohne Werkzeugschnittstelle aufgezeigt.

6.1.1 Gesamtmaschinensteifigkeit in Abhängigkeit der Werkzeugschnittstelle

Overall stiffness of a machine tool as a function of the tool interface

Ziel der Arbeiten in diesem Kapitel ist es, die Steifigkeit einer Werkzeugmaschine im Tool-Center-Point in Abhängigkeit von der Werkzeugschnittstellensteifigkeit darzustellen. Die hierzu entwickelte Methode soll mit einfachen messtechnischen Mitteln und ohne weitere Kenntnisse über die Maschine universell anzuwenden sein und auf beliebige Werkzeugmaschinen übertragbar sein. Teile der Arbeiten in diesem Kapitel wurden bereits veröffentlicht [BREC17].

Zur Entwicklung der Berechnungsmethode wird die Werkzeugmaschine zunächst durch ein Modell in Reihe geschalteter Federelemente abstrahiert.

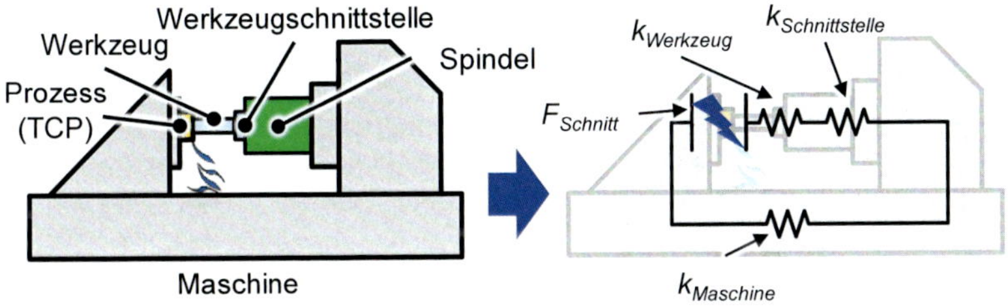

Abbildung 6.1: Die Werkzeugmaschine als Federmodell
The machine tool as a spring model

Im linken Teil von Abbildung 6.1 ist eine Werkzeugmaschine mit den für diese Methode relevanten Elementen skizziert. Dazu zählt der Prozess, welcher am TCP die Bearbeitungskraft zwischen Werkzeug und Werkstück erzeugt und diese über die Werkzeugschnittstelle in die Spindel einleitet. Der Kraftfluss schließt sich im Anschluss über die restlichen Maschinenkomponenten, die vereinfachend als Maschine zusammengefasst sind. Die Annahme der Reihenschaltung der Einzelsteifigkeiten ist für eine einspindelige Maschine getroffen worden, bei der der Kraftfluss durch Werkzeug und Werkzeugschnittstelle führt und keine Kraftnebenschlüsse vorliegen. In der Modellbildung werden den Maschinenelementen Werkzeug und Schnittstelle nun die auf den TCP bezogenen Steifigkeiten $k_{Werkzeug}$ und $k_{Schnittstelle}$ zugewiesen. Die Steifigkeit der restlichen Maschine wird durch $k_{Maschine}$ beschrieben. Der Zerspanprozess entspricht in dem Federmodell der Kraft $F_{Schnitt}$.

Die für die geometrische Abweichung im Prozess relevante Gesamtsteifigkeit k_{ges} wird in Abhängigkeit von der Schnittstellensteifigkeit nach der folgenden Formel berechnet:

$$k_{ges}(k_{Schnittstelle}) = \left(\frac{1}{k_{Werkzeug}} + \frac{1}{k_{Schnittstelle}} + \frac{1}{k_{Maschine}} \right)^{-1} \qquad (6.1)$$

Um Formel 6.1 anwenden zu können, müssen die Werte für $k_{Maschine}$ und $k_{Werkzeug}$ bestimmt werden, um sie danach als Konstanten zu übernehmen. Die nachfolgend beschriebene Methode betrachtet nur eine Pose der Maschine. Da eine Posenänderung zu einer Steifigkeitsänderung der Maschine führt, sind die gewonnen Werte für $k_{Maschine}$ nur für die gewählte Pose gültig. Gleichermaßen sind die Werte für $k_{Maschine}$ nur für die verwendete Werkzeuglänge gültig, da durch eine Längenänderung eine Änderung der Hebelarme, mit denen die Prüfkraft auf die unbekannten Drehpunkte in der restlichen Maschine wirkt, herbeigeführt wird. Der Einsatz unterschiedlich langer Werkzeuge innerhalb einer Messreihe würde die Maschinensteifigkeit als Referenz unzulässig verändern, so dass Werkzeuge mit einheitlicher Länge verwendet werden müssen. Da die Steifigkeit $k_{Werkzeug}$ separat gemessen und bei jeder Messreihe erneut bestimmt wird, ist es möglich vorhandene Werkzeuge einzusetzen, ohne für jede Werkzeugschnittstelle Referenzwerkzeuge vorhalten zu müssen, solange diese die gleiche Länge aufweisen. Dadurch liegt der Kraftangriffspunkt im vorgegebenen Abstand zur Plananlagefläche l_P, an dem dann für die Berechnung der TCP angenommen wird und es kommt zu keiner Veränderung der Hebelarme.

Generell sind alle Steifigkeiten bei dieser Methode, im Gegensatz zu den Biegesteifigkeiten aus Kapitel 4, laterale Steifigkeiten, die auf den TCP bezogen sind. Dies spiegelt sich auch in der Messmethode wider, welche in Abbildung 6.2 schematisch dargestellt ist.

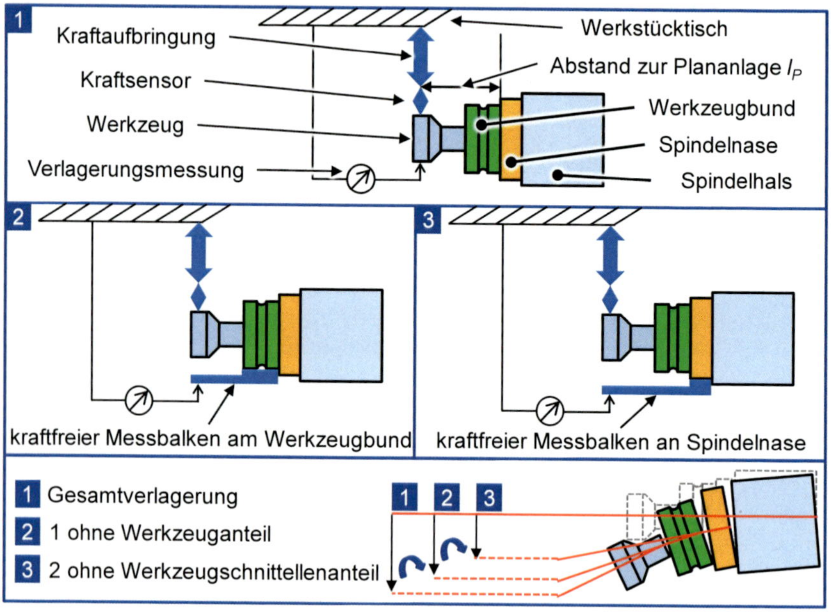

Abbildung 6.2: Schematische Darstellung der Messmethode
Schematic diagram of the measuring method

Um die notwendigen Steifigkeiten zu bestimmen, sind drei Messungen notwendig. Bei allen Messungen erfolgen Kraftaufbringung und -messung zwischen Werkstück und Werkzeug im Abstand l_P von der Plananlage. Koaxial dazu wird ein LVDT-Verlagerungssensor zunächst auf die Werkzeugspitze (1) aufgesetzt, der die relative

Verlagerung zwischen Werkstück und Werkzeug aufnimmt. Um die Steifigkeit des Werkzeugs bestimmen zu können, wird ein Messbalken, welcher selbst nicht im Kraftfluss liegt, auf dem Werkzeugbund montiert (2). An diesem wird die Verlagerung erneut koaxial zur Kraftaufbringung gemessen, so dass die Biegung des Werkzeugs nicht erfasst wird. Bei der dritten Messung wird ein kraftfreier Messbalken auf der Spindelnase, also direkt hinter der Werkzeugschnittstelle, montiert und die Verlagerung am TCP gemessen.

Im Folgenden wird die Auswertung der Messergebnisse am Beispiel der Heller H2000 Maschine erläutert.

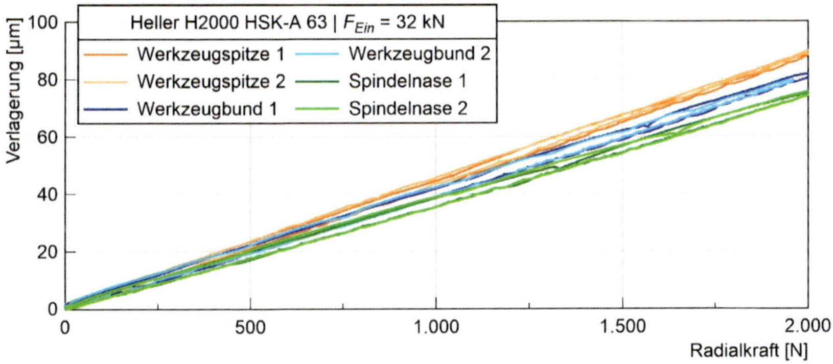

Abbildung 6.3: Messschrieb der Last-Verlagerungskennlinien Heller H2000
Load shift characteristics Heller H2000

Abbildung 6.3 zeigt die Last-Verlagerungskennlinien der drei Messungen, welche jeweils einmal wiederholt wurden. Es zeigt sich, dass an der Werkzeugspitze die größte Verlagerung gemessen werden kann. Die Messungen mit Messbalken an Werkzeugbund und Spindelnase zeigen geringere Verlagerungen. Zur Auswertung werden anhand der Messwerte unter der Annahme konstanter Steifigkeiten Geradenapproximationen erstellt.

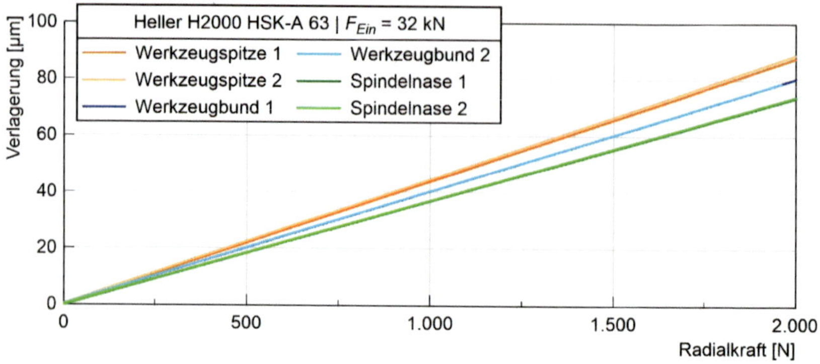

Abbildung 6.4: Geradenapproximation der Last-Verlagerungskennlinien
Straight line approximation of load shift characteristics

Die in Abbildung 6.4 gezeigten approximierten Kennlinien zeigen eine gute Übereinstimmung der Messungen und deutlich den Steifigkeitsunterschied zwischen den drei Messstellen. Anhand der gemittelten Geradensteigungen werden die lateralen Steifigkeiten k_{TCP}, $k_{Werkzeugbund}$ und $k_{Spindelnase}$ für die einzelnen Messungen bestimmt.

Aus der Differenz der Steifigkeiten für die erste und zweite Messung, anhand derer k_{TCP} und $k_{Werkzeugbund}$ bestimmt werden, kann nach folgender Formel die laterale Steifigkeit des Werkzeugs bezogen auf den TCP bestimmt werden:

$$k_{Werkzeug} = \left(\frac{1}{k_{TCP}} - \frac{1}{k_{Werkzeugbund}} \right)^{-1} \tag{6.2}$$

In gleicher Weise wird aus der Differenz der Steifigkeiten für die zweite und dritte Messung die laterale Steifigkeit der Werkzeugschnittstelle bestimmt:

$$k_{Schnittstelle} = \left(\frac{1}{k_{Werkzeugbund}} - \frac{1}{k_{Spindelnase}} \right)^{-1} \tag{6.3}$$

Diese Steifigkeit $k_{Schnittstelle}$ ist nicht mit der in Kapitel 2.3 eingeführten Biegesteifigkeit k_B gleichzusetzen.

Die Steifigkeit der restlichen Maschine wird wie folgt berechnet.

$$k_{Maschine} = \left(\frac{1}{k_{TCP}} - \frac{1}{k_{Werkzeugbund}} - \frac{1}{k_{Spindelnase}} \right)^{-1} \tag{6.4}$$

Nachdem die Steifigkeiten des Werkzeugs und der restlichen Maschine bestimmt sind, wird die Funktion für die Gesamtsteifigkeit der Maschine in Abhängigkeit von der Werkzeugschnittstelle wie folgt aufgestellt:

$$k_{ges}(k_{Schnittstelle}) = \left(\frac{1}{k_{Werkzeug}} + \frac{1}{k_{Schnittstelle}} + \frac{1}{k_{Maschine}} \right)^{-1} \tag{6.5}$$

Mit Hilfe dieses Zusammenhangs lässt sich der Grenzwert $k_{ges,max}$ der Gesamtsteifigkeit bestimmen, der durch eine Steigerung der Werkzeugschnittstellensteifigkeit $k_{Schnittstelle}$ theoretisch erreicht werden könnte:

$$k_{ges,\max} = \lim_{k_{Schnittstelle} \to \infty} k_{ges}(k_{Schnittstelle}) \tag{6.6}$$

Dieser Wert ist insofern von großem Interesse, da er eine Einordnung erlaubt, wie nah die aktuell in der Maschine eingesetzte Konfiguration an der theoretischen maximal erreichbaren Steifigkeit liegt. Da die mit Formel 6.5 erstellten Kurven die Sensitivität der Maschine auf Änderungen der Schnittstellensteifigkeit zeigen, werden diese im Folgenden als Sensitivität bezeichnet.

Abbildung 6.5 zeigt die Sensitivitätskurve für eine am WZL modifizierte Versuchsmaschine vom Typ Heller H2000 mit HSK-A 63 mit 32 kN Einzugskraft. Bei einer lateralen Schnittstellensteifigkeit von $k_{Schnittstelle}$ = 320,47 N/µm wird hier eine Gesamtsteifigkeit von k_{ges} = 22,68 N/µm erreicht, was 92 % der maximal erreichbaren Gesamtsteifigkeit $k_{ges,max}$ entspricht.

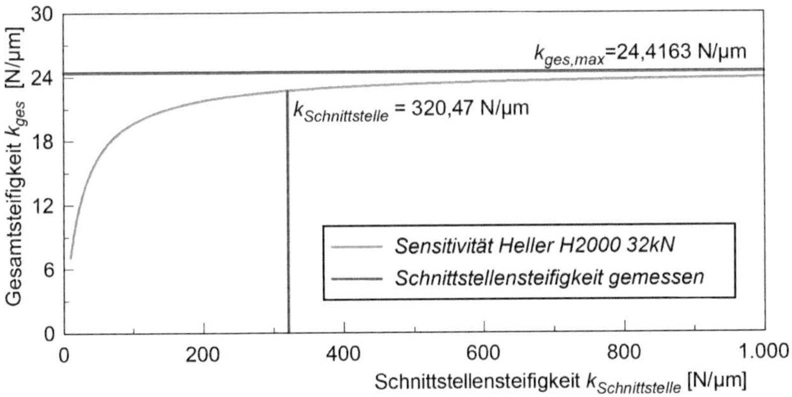

Abbildung 6.5: Gesamtsteifigkeit der Heller H2000 in Abhängigkeit von der Schnittstellensteifigkeit

Total stiffness of Heller H2000 depending on tool interface stiffness

Demensprechend lässt sich das verbleibende Restpotential durch die Steigerung der Schnittstellensteifigkeit als Ableitung der Sensitivitätskurve aus Abbildung 6.5 als deren Ableitung nach Abbildung 6.6 darstellen.

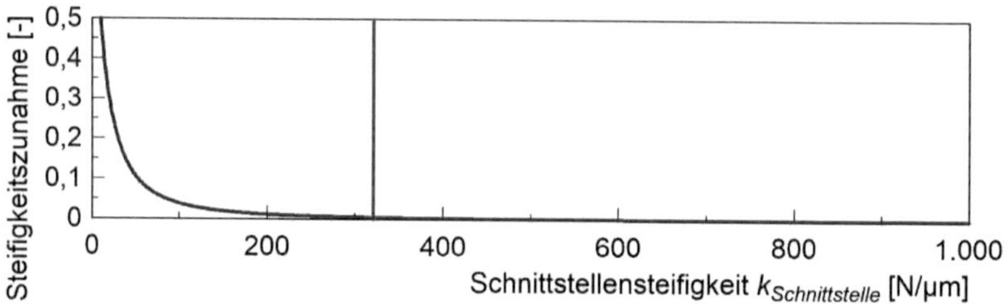

Abbildung 6.6: Abnahme der Steifigkeitszunahme für die Heller H2000
Degression of the increase of the stiffness for Heller H2000

Es zeigt sich, dass die relative Steifigkeitszunahme schnell abnimmt und somit deutlich wird, dass abhängig von der betrachteten Maschine eine Steigerung der Schnittstellensteifigkeit keine signifikante Steigerung der Steifigkeit der Gesamtmaschine nach sich zieht.

Um die hierzu verwendete laterale Steifigkeit $k_{Schnittstelle}$ mit der etablierten Schnittstellensteifigkeit k_B in Relation zu bringen, ist es vereinfachend möglich, die Biegesteifigkeit mit der Werkzeuglänge zu multiplizieren.

$$k_{Schnittstelle} \approx k_B \cdot l_{Werkzeug} \tag{6.7}$$

Bei den Messungen an der Heller H2000 wurde ein 100 mm langes Werkzeug verwendet, sodass sich die bekannten Statikkennwerte aus [MÜLL16] verwenden lassen. Für den SK wird eine Biegesteifigkeit von 800 Nm²/mm angenommen, für die Plananlageschnittstellen HSK, PSC und TS werden Werte von 5.000-6.000 Nm²/mm angenommen, um den Bereich, in dem die Steifigkeiten abhängig von der Einzugskraft liegen, beispielhaft abzubilden.

Die gemessene Steifigkeit von 314,14 N/µm weicht von den umgerechneten Literaturwerten [MÜLL16; BREC15b] für den HSK-A 63 ab. Dies ist plausibel, da diese Werte unter anderen Bedingungen mit Spindeldummys und Referenzspannsystemen erzeugt wurden. Diese sind für den Vergleich der Schnittstellen untereinander deutlich massiver ausgeführt worden, als dies reale Spindeln sind.

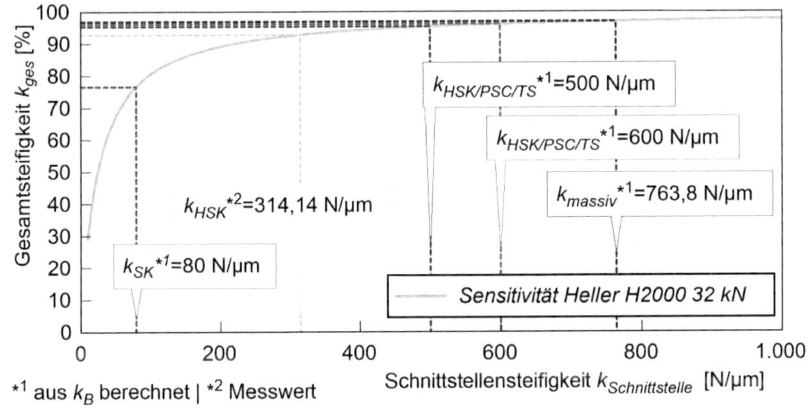

Abbildung 6.7: Vergleich der prozentualen Gesamtsteifigkeit und Schnittstellensteifigkeit
Comparison of total stiffness and tool interface stiffness on a percentage basis

In Abbildung 6.7 sind neben den Werten nach MÜLLER [MÜLL16] auch die gemessene Steifigkeit k_{HSK}*2 und die Steifigkeit k_{massiv} dargestellt. Die Steifigkeit k_{massiv} ist aus der Biegesteifigkeit $k_{B,massiv}$ berechnet, die nach den Methoden aus Kapitel 2.3 mit einem speziellen monolithischen Spindeldummy erstellt wurde, welcher keine Werkzeugschnittstelle enthält, jedoch die exakte Außenkontur des HSK-A 63-Spindeldummys hat. Damit gilt dieser Steifigkeitskennwert als die maximale Schnittstellensteifigkeit, die im Bauraum des HSK-A 63 realisiert werden kann. Unter dieser Annahme lassen sich für die untersuchte Maschine maximal 96,9 % von $k_{ges,max}$ erreichen. Die Plananlageschnittstellen erreichen nach Literaturwerten bereits 95,34 - 96,09 %, der SK lediglich 76,61 % von $k_{ges,max}$. Folglich würde eine Steigerung der Steifigkeit des SK oder ein Wechsel zu einer Plananlageschnittstelle das größte Potential zur Steigerung der Gesamtsteifigkeit bieten. Eine übliche Maßnahme, um die Biegesteifigkeit zu steigern, ist die Steigerung der Einzugskraft, die jedoch beim SK keinen relevanten Einfluss auf die Biegesteifigkeit hat [MÜLL16]. Bei den Plananlageschnittstellen hingegen steigt die Biegesteifigkeit mit der Einzugskraft, bis sie gegen einen Grenzwert strebt [MÜLL16].

Somit ist der größte Einfluss auf die Gesamtsteifigkeit durch einen Wechsel von SK zu einer der Plananlageschnittstellen HSK, PSC oder TS zu erwarten. Biegesteifigkeitsunterschiede innerhalb dieser Gruppe von 20 % bewirken bei der Beispielmaschine lediglich geringe Gesamtsteifigkeitszuwächse von 0,75 %.

Für diesen Fall gilt es zu bewerten, ob der Aufwand zur Steigerung der Biegesteifigkeit und die dadurch erzeugten Gesamtsteifigkeitszuwächse wirtschaftlich sinnvoll sind.

Da der Einfluss der Schnittstellensteifigkeit gemäß dem Modell der in Reihe geschalteten Federn stets von der Steifigkeit des Werkzeugs und der restlichen Maschine abhängig ist, gelten die oben genannten Werte nur für die untersuchte Versuchsmaschine.

Um einen weiter gefassten Eindruck des Einflusses der Werkzeugschnittstellensteifigkeit auf die Gesamtmaschinensteifigkeit zu gewinnen, wurden weitere Maschinen untersucht.

Tabelle 6.1 gibt einen Überblick über alle mit dieser Methode untersuchten Maschinen.

Tabelle 6.1: Übersicht untersuchter Bearbeitungszentren
Investigated machining centers

Nr.	Werkzeugschnittstelle	Maschinentyp	Arbeitsbereich X/Y/Z	Einzugskraft
1	HSK-E 40	5-Achs BAZ	550 / 400 / 420 mm	8,9 kN
2	HSK-A 63	3-Achs BAZ	620 / 650 / 600 mm	18,3 kN
3	HSK-A 63	4-Achs BAZ	630 / 630 / 630 mm	31,8 kN
4	HSK-A 63	5-Achs BAZ	800 / 550 / 550 mm	28,6 kN
5	HSK-A 63	5-Achs BAZ	800 / 600 / 500 mm	26,6 kN
6	HSK-A 100	4-Achs BAZ	1.000 / 1.000 / 1.000 mm	50,4 kN

Es handelt sich hierbei um Maschinen mit HSK-Werkzeugschnittstellen in den Bauformen E 40, A 63 und A 100. Die Einzugskräfte wurden jeweils vor Untersuchungsbeginn gemessen. Für die Untersuchungen wurden gezielt Bearbeitungszentren (BAZ) mit verschiedenen Achskonfigurationen und Arbeitsbereichen gewählt, um die Methode an Maschinen mit unterschiedlichen Gesamtsteifigkeiten testen zu können. Hierbei wurde jeweils nur eine Pose der Maschinen untersucht, die die beste Zugänglichkeit zu den Messmitteln erlaubt und weder auf eine positive noch negative Beeinflussung der Gesamtsteifigkeit ausgelegt ist.

Da die untersuchten Maschinen unterschiedliche maximale Gesamtsteifigkeiten aufweisen, sind die Sensitivitätskurven in Abbildung 6.8 in prozentualer Darstellung normiert. Neben den Kurven ist die zugehörige Schnittstellensteifigkeit als gestrichelte Linie aufgetragen.

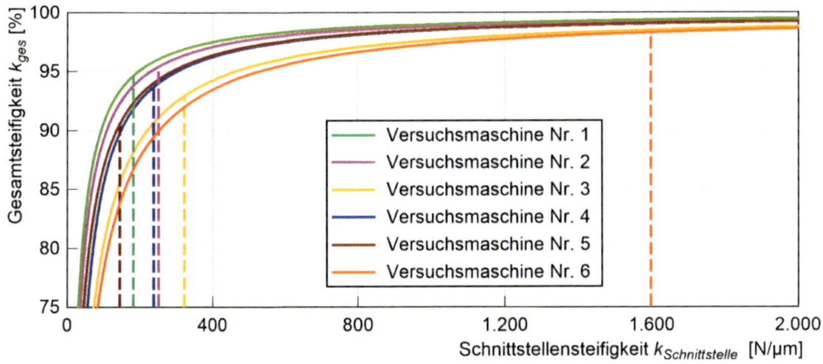

Abbildung 6.8: Sensitivitätskennlinien aller untersuchten Bearbeitungszentren
Sensitivity curves of all investigated machining centers

Die Übersicht der Sensitivitätskennlinien in Abbildung 6.8 zeigt deutlich, dass der Einfluss der Schnittstellensteifigkeit auf die einzelnen Maschinen stark von ihrer Sensitivität und deren Steigung im Bereich der typischen Schnittstellensteifigkeiten abhängt. Die prozentuale Gesamtsteifigkeit k_{ges} variiert für die ersten fünf Maschinen mit ähnlicheren Werkzeugschnittstellen zwischen 90,36 % und 95,40 %, wobei die Schnittstellensteifigkeiten zwischen 144,00 N/µm und 320,46 N/µm eine Steigerung um 120 % erfährt. Insbesondere am Vergleich der beiden Kurven der Maschinen fünf und vier, die sehr ähnliche Verläufe haben, zeigt sich, dass durch eine Steigerung der Schnittstellensteifigkeit von 144,00 N/µm auf 236,79 N/µm die Gesamtsteifigkeit um 3,25 % gesteigert werden kann.

Bei dem einzigen untersuchten Beispiel für eine Maschine mit HSK-A 100, der Versuchsmaschine sechs, zeigt sich, dass die gemessene Schnittstellensteifigkeit von 1.597,17 N/µm einer prozentualen Gesamtsteifigkeit von 98,49% entspricht. In diesem Fall zeigt sich am Verlauf der Sensitivitätskurve, dass eine weitere Steigerung der Schnittstellensteifigkeit nur marginale Steigerungen der Gesamtsteifigkeit zur Folge hätte, sodass dies nicht als sinnvoll erachtet werden kann.

Zusammengefasst bietet diese Methode eine einfache Möglichkeit, den Einfluss der Werkzeugschnittstelle auf die Gesamtsteifigkeit einer Werkzeugmaschine darzustellen.

6.1.2 Abdrängung im Prozess

Process deflection

Um den Einfluss der Werkzeugschnittstelle auf die Gesamtsteifigkeit der Maschine und das geometrische Ergebnis eines Bearbeitungsprozesses zu zeigen, lassen sich Abdrängversuche nach Abbildung 2.16 durchführen. Da mit dieser Methode auf der Heller H2000 Versuchsmaschine bereits HSK-A 63, SK-A 40, PSC 63 und TS 63 untersucht wurden [MÜLL16], bietet sich die Nutzung dieser Maschine für die Untersuchung des Einflusses der Einzugskraft am Beispiel des HSK-A 63 und der Untersuchung des Verhaltens einer monolithischen Spindel an, da so die bekannten Ergebnisse gegenübergestellt werden können. Das Versuchsverfahren wurde beibehalten und es handelt sich um dieselbe Maschine, dasselbe Werkzeug und denselben Werkstoff des Versuchsmaterials.

Für die Abdrängversuche kann die aus Kapitel 4 bekannte Referenzspindelwelle nicht benutzt werden, da diese länger ist und in der Maschine nicht gespannt werden kann. Daher wurde für die in Abbildung 6.9 dargestellten Versuche mit variierender Einzugskraft eine Standardspindel benutzt, deren Tellerfederpaket zwischen den Versuchen gekürzt wurde. Da selbst bei Kenntnis der Federkonstante und des Verstärkungsfaktors des Spannsatzes keine exakte Einstellung einer Einzugskraft auf der genutzten Montagevorrichtung möglich ist, weichen die Einzugskräfte von denen in Kapitel 4 ab.

Zu Beginn verfügte die Spindel über eine werkseitig eingestellte Einzugskraft von 32 kN, die durch das Entfernen je einer halben Windung der Schraubenfedern auf 24 kN, 16 kN, 10,5 kN und 7,5 kN herabgesetzt wurde. Der letzte Kurvenzug ist mit einem Werkzeug erstellt worden, dessen Plananlage 0,5 mm abgedreht wurde und damit nach dem Einziehen keinen Plananlagekontakt hat.

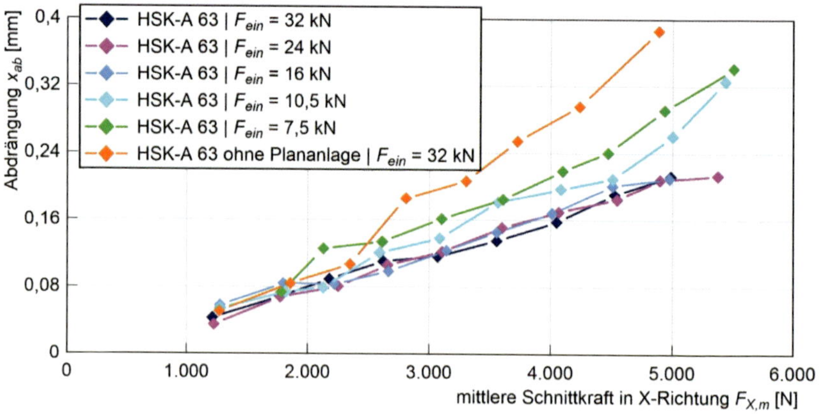

Abbildung 6.9: Abdrängungen mit HSK-A 63 bei verschiedenen Einzugskräften
Deflection with HSK-A 63 at different pull-in forces

Die Abdrängkurven der ersten drei Einzugskräfte zeigen nur sehr geringe Abweichungen. Erst nach dem Absenken der Einzugskraft auf 10,5 kN zeigen sich oberhalb von

2.000 N mittlerer Schnittkraft $F_{X,m}$ deutlich größere Abdrängungen x_{ab} bei gleicher Schnitttiefe. Eine neuerliche Senkung der Einzugskraft auf 7,5 kN und damit unter die notwendige Kraft zum Erreichen der Plananlage, zeigt einen noch stärker abweichenden Verlauf. Obwohl bei 7,5 kN Einzugskraft im Ausgangszustand quasi keine Kraft auf der Plananlage anliegt, zeigt der letzte Versuch, bei dem die Plananlagefläche um 0,5 mm zurückgestellt wurde und somit nicht mehr voll trägt, nochmals größere Verlagerungen.

Somit kann im Falle dieser Versuchsanordnung gezeigt werden, dass sich mit steigender Einzugskraft ein Sättigungseffekt einstellt und die Abdrängung durch eine weitere Erhöhung der Einzugskraft nicht verringert werden kann.

Die Fragestellung nach der maximal erreichbaren Steifigkeit als Optimum dessen, was die Werkzeugschnittstelle leisten kann, lässt sich durch den Einsatz monolithischer Spindeln beantworten. Für die Versuche sind zwei verschiedene Spindeln nach Abbildung 6.10 zum Einsatz gekommen, die sich in ihrer Auslegung wie folgt unterscheiden.

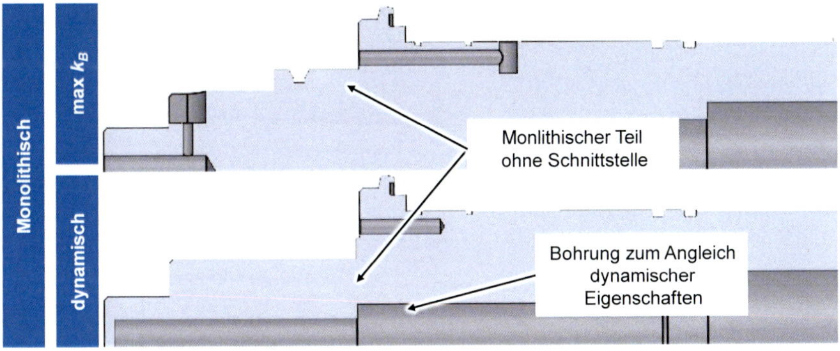

Abbildung 6.10: Monolithische Spindeln
Monolithic Spindles

Die dynamisch ausgelegte monolithische Spindel ist im Rahmen eines Forschungsprojekts für die Untersuchung von Dämpfungseffekten an Spindeln ohne Betrachtung des Einflusses der Werkzeugschnittstelle entworfen worden. Sie ist anhand von Messdaten der HSK-A 63-Spindel mit 32 kN Einzugskraft entwickelt worden und ist im Bereich der Werkzeugschnittstelle hohl, um möglichst gleiche Schwingungseigenformen und Eigenfrequenzen erreichen zu können. Die zweite Spindel ist im Bereich des Spannsystems mit dem Einbauraum einer SK-A 40-Schnittstelle und mit der Außenkontur des HSK-A 63 massiv ausgeführt, um eine maximale Biegesteifigkeit k_B zu erreichen.

Die Abdrängkennlinien in Abbildung 6.11 zeigen die bekannten Ergebnisse, bei denen lediglich der SK deutlich größere Abdrängungen als die Plananlageschnittstellen HSK, PSC und TS aufweist [MÜLL16].

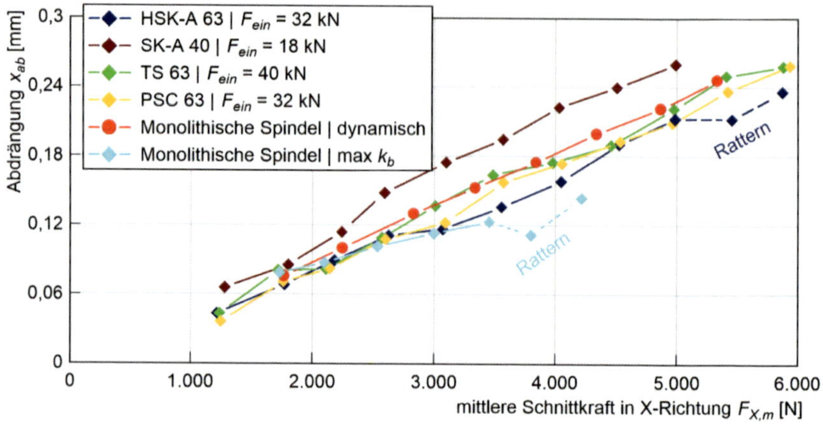

Abbildung 6.11: Abdrängungen mit verschiedenen Werkzeugschnittstellen im Vergleich
Deflection with different tool interfaces in comparison

Die monolithische Spindel in dynamischer Auslegung zeigt keine signifikante Abweichung zu den Plananlageschnittstellen. Dagegen ist die auf maximale Steifigkeit ausgelegte Spindel nur im unteren Bereich der Kennlinie in Deckung mit den Kennlinien der Plananlageschnittstellen. Oberhalb von rund 3.500 N Schnittkraft kann kein stabiler Prozess mehr erreicht werden, da der Prozess rattert. Dies tritt bei diesem Prozess sonst nur bei HSK-A 63 mit 32 kN Einzugskraft oberhalb von 5.000 N mittlerer Schnittkraft auf.

Entsprechend der Erwartung, die sich aus Abbildung 6.7 ergibt, zeigen sich lediglich beim SK-A 40 größere Verlagerungen als bei den anderen Schnittstellen, die alle im Bereich der Sättigung der Sensitivitätskennlinie liegen. Ein signifikanter positiver Einfluss der massiven Schnittstelle mit maximal möglicher Biegesteifigkeit auf die Abdrängung ist folglich ebenfalls nicht festzustellen.

Es zeigt sich vielmehr, dass sich durch die massive Schnittstelle die dynamischen Eigenschaften maßgeblich verschlechtern und damit das erreichbare Zerspanvolumen nachteilig beeinflusst wird.

6.2 Dynamisches Prozessverhalten

Dynamic process behavior

Da das dynamische Verhalten oft maßgeblich für die Leistungsgrenze einer Werkzeugmaschine ist [WECK77], wird im Folgenden der Einfluss der Werkzeugschnittstelle auf das dynamische Prozessverhalten untersucht. WAGNER konnte den Einfluss der Werkzeugschnittstelle für Drehprozesse und MÜLLER für Fräsprozesse mit Schaftfräsern nachweisen. [WAGN17; MÜLL16]

Um an die Ergebnisse aus dem vorhergehenden Kapitel anzuknüpfen, soll hier ebenfalls ein Schwerzerspanungsprozess in Stahl (St 52) mit einem Messerkopf untersucht werden. Der Messerkopf Ø 50 mm aus Kapitel 6.1.2 eignet sich hierzu nur bedingt, da bei der verwendeten Drehzahl bis zu seiner maximalen Schnitttiefe a_p von 12 mm bei den meisten Werkzeugschnittstellen der Stabilitätsrand nicht erreicht wird und damit kein Vergleich möglich ist. Daher wurde lediglich der Durchmesser des Messerkopfes auf 80 mm angepasst. Der Drehzahlbereich wurde entsprechend den empfohlenen Schnittgeschwindigkeiten der verwendeten Wendeschneidplatten von 600 bis 1.300 min^{-1} gewählt. Die Schnitttiefe wurde in 1 mm Schritten und die Drehzahl in 100 min^{-1} Schritten gesteigert. Kriterien für das Erkennen eines instabilen Prozesses sind die messtechnisch erfassten Amplitude der Beschleunigungen an Spindel und Werkstück, das vom Bediener erfasste Geräusch und auftretende Oberflächenstrukturen wie Rattermarken [BREC15c]. Die Stabilitätsgrenzen werden als Stabilitätskarten vergleichend dargestellt.

Die Stabilitätskarte für HSK-A 63 mit verschiedenen Einzugskräften in Abbildung 6.12 zeigt die Stabilitätsgrenzen für eine Spindel, bei der die Einzugskraft durch Kürzen des Tellerfederpakets sukzessive reduziert wurde.

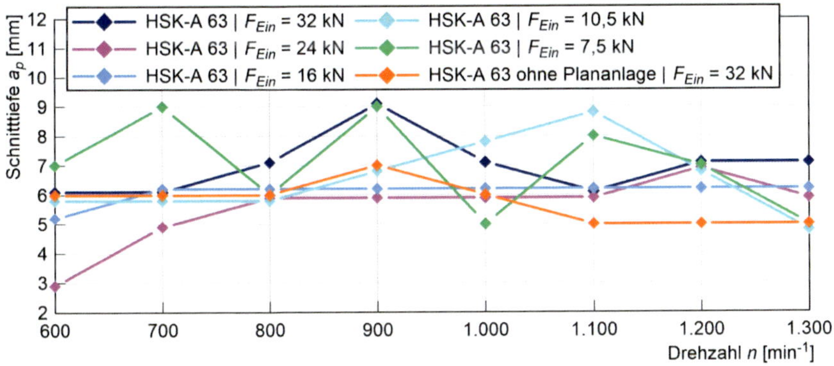

Abbildung 6.12: Stabilitätskarte für HSK-A 63 bei verschiedenen Einzugskräften
Stability chart for HSK-A 63 with different pull-in forces

Dadurch reduziert sich die Plananlagekraft und die Flächenpressung auf der Plananlage sinkt. Die Kraft zum Erreichen der Plananlage wird bei Einzugskräften von 7,5 kN nicht erreicht (vgl. [BREC16d]), sodass die Plananlage quasi pressungsfrei anliegt. Der letzte Kurvenzug ist mit einem Werkzeughalter erstellt worden, bei dem die Plananlage so weit abgeschliffen wurde, dass sie nach dem Spannen keinen Kontakt zur Spindel hat.

Die Kennlinien zeigen mit sinkender Einzugskraft weder einen eindeutigen positiven noch negativen Trend. Bei einzelnen Drehzahlstufen beeinflussen höhere Einzugskräfte die Prozessstabilität positiv, wohingegen bei anderen Drehzahlstufen ein gegenteiliger Effekt eintritt. Auffällig ist, dass sich bei 24 und 16 kN eine nahezu konstante Grenzspantiefe einstellt.

Für diesen Beispielprozess lässt sich somit keine Empfehlung zur Anpassung der Einzugskraft für die Optimierung der Zerspanleistungen abgeben. Die Ergebnisse aus

Abbildung 6.9 einbeziehend lässt sich jedoch feststellen, dass sich dieser Prozess mit einer Einzugskraft größer 16 kN mit geringer Abdrängung und hohen Zerspanraten nutzen lässt. Damit bestätigt sich für derartige Prozesse die empfohlene niedrigste Einzugskraft von 18 kN nach Norm.

Allerdings zeigt sich, dass die Einzugskraft einen Einfluss auf die Prozessstabilität hat.

Beim Vergleich der genormten Werkzeugschnittstellen bei üblichen Einzugskräften für eine Spindel der verwendeten Leistungsklasse zeigen sich deutliche Abweichungen in den stabil erreichbaren Schnitttiefen bei dem ausgewählten Prozess, was in Abbildung 6.13 dargestellt ist.

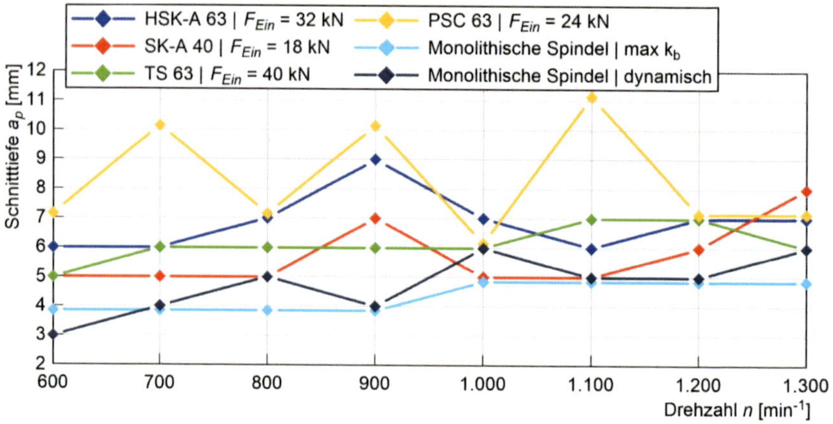

Abbildung 6.13: Stabilitätskarte mit verschiedenen Werkzeugschnittstellen im Vergleich
Stability chart with different tool interfaces in comparison

Für den gewählten Zerspanprozess liegt der Stabilitätsrand für PSC oft oberhalb dem der anderen Werkzeugschnittstellen. Der HSK liegt leicht oberhalb von TS und SK, diese liegen jedoch sehr nah beieinander. Die geringsten Grenzspantiefen lassen sich mit den beiden monolithischen Spindeln erreichen. Insbesondere die besonders steif ausgelegte Spindel ist im Vergleich aller untersuchten Varianten die schlechteste.

Auch wenn die monolithische Spindel nach Abbildung 6.11 besonders geringe Abdrängungen verspricht, zeigt sich bei beiden Zerspanprozessen, dass sich keine hohen Schnitttiefen und damit auch keine hohen Zeitspanvolumina erreichen lassen, da die Prozesse stets bei geringen Schnitttiefen instabil werden.

Selbstverständlich stellt diese Spindel den Grenzfall für die Schnittstellensteifigkeit dar, welcher niemals erreicht werden kann, dennoch werden höhere Biegesteifigkeiten immer weiter angestrebt, so dass der Verweis auf die monolithische Spindel gerechtfertigt scheint. Im Hinblick auf das Optimierungspotenzial der Werkzeugschnittstelle scheint ein alleiniges Fokussieren auf die Steifigkeit unter Vernachlässigung der dynamischen Eigenschaften also nicht zielführend.

6.3 Zusammenfassung und Zwischenfazit

Summary and interim conclusion

Für die Messmethode und das Berechnungsmodell zur Quantifizierung des Einflusses der Werkzeugschnittstelle auf die Steifigkeit der Gesamtmaschine wurde die einfache Anwendbarkeit und Aussagefähigkeit an verschiedenen Maschinen gezeigt. Durch die Differenzmessungen können die lateralen Steifigkeiten von Werkzeug, Werkzeugschnittstelle und weiteren Komponenten bezogen auf den TCP bestimmt werden. Daraus abgeleitet zeigt die Sensitivität der Maschinensteifigkeit auf die Veränderung der Werkzeugschnittstellensteifigkeit die maximal theoretisch erreichbare und die mit der vorliegenden Werkzeugschnittstelle tatsächlich erreichte Gesamtsteifigkeit.

Die Auswertung verschiedener Werkzeugschnittstellen in derselben Maschine zeigt bei Plananlageschnittstellen deutliche höhere Werte in der maximal erreichbaren Gesamtsteifigkeit als beim Steilkegel. Der Vergleich verschiedener Maschinen zeigt am Beispiel des HSK, dass kleinere Baugrößen mit stark unterschiedlichen Schnittstellensteifigkeiten ähnliche relative Gesamtmaschinensteifigkeiten ermöglichen. HSK-A 100 erreicht im Falle der betrachteten Maschine trotz seiner deutlich größeren Biegesteifigkeit als der HSK-A 63 jedoch nur marginal größere Gesamtmaschinensteifigkeiten, da hier der Sättigungsbereich der Sensitivitätskurven bereits erreicht ist.

Mit der Erkenntnis, dass Biegesteifigkeitsunterschiede im Sättigungsbereich nur vernachlässigbare Auswirkungen auf die Gesamtmaschinensteifigkeit haben, lassen sich die Ergebnisse der Abdrängversuche mit verschiedenen Einzugskräften bei HSK und verschiedenen Schnittstellen auf derselben Maschine plausibel einordnen. Lediglich der SK und HSK mit Einzugskräften unter 16 kN, die signifikant geringere Biegesteifigkeiten aufweisen, weisen signifikant höhere Abdrängungen auf. Insbesondere der Vergleich mit der monolithischen Spindel, die ähnliche Abdrängungen wie die Plananlageschnittstellen zeigt, bestätigt die Hypothese, dass sich bezüglich der Gesamtmaschinensteifigkeit bezogen auf die Schnittstellensteifigkeit eine Sättigung einstellt.

Der in 6.1 belegten Annahme folgend, dass eine Steigerung der Schnittstellensteifigkeit oberhalb heute üblicher Niveaus keinen signifikanten Einfluss auf das geometrische Bearbeitungsergebnis haben würde, wird der Einfluss der Werkzeugschnittstelle auf das dynamische Prozessverhalten untersucht, um ein Gesamtbild hinsichtlich des Einflusses der Werkzeugschnittstelle auf den Bearbeitungsprozess zu erlangen. Die mit gleichen Parametern durchgeführten Untersuchungen lassen jedoch keine ähnlich klaren Aussagen zu. Deutlich zu erkennen ist jedoch, dass die massive, monolithische Spindel ohne Werkzeugschnittstelle die höchste Ratterneigung aufweist und somit für den betrachteten Prozess die geringsten erreichbaren Zerspanleistungen zulässt.

Die Ergebnisse zeigen also, dass eine Steigerung der Schnittstellensteifigkeit über ein hinreichendes Maß hinaus kaum weiteren positiven Einfluss auf das Bearbeitungsergebnis hat, jedoch die dynamischen Eigenschaften der Werkzeugschnittstelle einen limitierenden Faktor für die erreichbaren Zeitspanvolumina darstellen. Folglich könnten Untersuchungen bestehender Systeme in diese Richtung wertvolle Optimierungsansätze liefern, um die Zerspanleistungen erhöhen zu können.

7 Zusammenfassung und Ausblick

Summary and Outlook

Die Beantwortung der drei gestellten Forschungsfragen zum Verhalten von Werkzeugschnittstellen unter Rotation hat zahlreiche Erkenntnisse hervorgebracht und regt zur Formulierung neuer Fragen an.

7.1 Zusammenfassung

Summary

Die qualitativen Änderungen des Biegeverhaltens unter Rotation wie auch die quantitativen Veränderungen der charakteristischen Kennwerte belegen den deutlichen Einfluss der Rotation auf das statische Biegeverhalten. Die Veränderung der Kontaktbedingungen unter Rotation und die lageabhängigen Steifigkeitsabweichungen konnten nachgewiesen werden. Die resultierenden Verschleißerscheinungen, die während der Untersuchungen die Versuchswerkzeuge und damit die Kontaktbedingungen laufend verändern, beeinflussen die quantitativen Ergebnisse der Reihenversuche so, dass diese nur eine beschränkte Aussagekraft besitzen. Die qualitativen Ergebnisse zum statischen Verhalten und die Erkenntnisse zum Verschließ und dem Verhalten von Werkzeugschnittstellen unter Rotation und Biegebelastung allgemein sind davon unbeeinflusst gültig.

Die Veränderung der Kontaktbedingungen und der damit einhergehende Kontaktverlust am HSK durch hohe Drehzahlen konnte mit dem entwickelten Versuchswerkzeug nachgewiesen werden. Der Abgleich mit Simulationsergebnissen stimmt weitgehend überein, sodass beide Methoden zusammen einen Einblick in die Veränderung des Kegelkontakts unter hohen Drehzahlen erlauben. Zur Einordnung der möglichen Auswirkung, also der Verschiebung des Werkzeugs unter Drehzahl entlang der Plananlage, zeigt sich, dass diese tatsächlich vorkommen kann. Ob diese sich jedoch im Kontext von Wuchtgüten, Einwechselwiederholgenauigkeit und anderen Toleranzen kritisch auswirkt, kann nicht beurteilt werden.

Dass der Einfluss der Plananlageschnittstellen auf die Gesamtmaschinensteifigkeit in der untersuchten Stichprobe sehr gering ist und im Vergleich zum SK wenig Optimierungspotenzial bietet, ließ sich anhand der gezeigten Untersuchungsmethode sehr anwendungsnah nachweisen. Die vergleichende Untersuchung unter Span hinsichtlich Abdrängung und dynamischer Prozessgrenze zeigt insbesondere im Vergleich mit einer massiven, monolithischen Spindelwelle, die die theoretisch maximal mögliche Schnittstellensteifigkeit aufweist, dass dies nicht sinnvoll zum Erreichen hoher Zerspanleistungen ist. Gleichzeitig belegen die dynamischen Untersuchungen den hohen Einfluss der Werkzeugschnittstelle auf die erreichbaren Zerspanleistungen bei einem eher geringen Einfluss auf das geometrische Ergebnis innerhalb der untersuchten Gruppe der Plananlageschnittstellen.

7.2 Ausblick

Outlook

Ausgehend von den vorliegenden Ergebnissen der Untersuchungen zum statischen Verhalten unter Rotation lässt sich einerseits ein Bedarf zur Überprüfung der Ergebnisse hinsichtlich des Einflusses des fortschreitenden Verschleißes der Versuchswerkzeuge auf die gezeigten Ergebnisse ableiten. Andererseits sollte eben dieser Verschleiß selbst genauer untersucht werden, um eine Grenze für das Einsetzen erhöhten Verschleißes zu definieren. Die Eignung des Kennwertes $M_{B,krit}$ als Grundlage für diese Grenze sollte überprüft werden. Diese Grenzen sind natürlich unter den üblichen Bedingungen in einer Werkzeugmaschine zu ermitteln, wo im Gegensatz zu diesen Untersuchungen keine gezielte Fettschmierung vorliegt. Darüber hinaus ist es interessant, den Drehzahlbereich über den hier untersuchten hinaus zu erweitern, um die Hypothese prüfen zu können, ob ein konstantes Niveau der Kennwerte erreicht wird.

Im Bereich hoher Drehzahlen können an die Feststellung des Kontaktverlusts im Kegel bei hohen Drehzahlen Untersuchungen zu einer neuen Definition der Grenzdrehzahlen anschließen. Der Vorschlag, Tupel aus ertragbarer Vorschubkraft und Drehzahl abhängig von der Einzugskraft zu bilden und diese als Einsatzgrenze zu definieren, könnte so bestätigt oder verworfen werden. Das Grenzdrehzahlwerkzeug ließe sich als Standard hierzu weiterentwickeln, mit dem unter geringem Aufwand jede bestehende Maschinenspindel hinsichtlich eines relevanten Kontaktbereichs untersucht und damit bei Abheben zu definierender Kegelbereiche, eine individuelle Drehzahlgrenze bestimmt werden könnte. Die Untersuchungen haben sicherlich auch für weitere Baugrößen und Bauformen große Relevanz, da hier größere Drehzahlen und andere Masseverteilungen vorliegen und noch keine Untersuchungen und Drehzahlempfehlungen vorliegen.

Die Sensitivitätskurven gemeinsam mit den Abdrängkurven und Ratterkarten geben die Möglichkeit, den Einfluss der Werkzeugschnittstelle auf die Bearbeitung einordnen zu können. Ausgehend von den vorliegenden Ergebnissen hauptsächlich in Baugröße 63 sollten weitere Baugrößen und Bauformen hinsichtlich der Sensitivität der Gesamtmaschinensteifigkeit untersucht werden und eventuell eine standardisierte Messvorschrift entwickelt werden, so dass sich ein globaleres Bild ergibt, aus dem sich Handlungsbedarfe ableiten lassen.

Bezogen auf Abdrängung und dynamische Prozessstabilität können die gezeigten Untersuchungen nur die Motivation für eine intensivere Erforschung des Themas liefern. Die Unterschiede in den erreichbaren Zerspanleistungen bei gleichbleibender Konturabweichung sind signifikant, so dass hier die Werkzeugschnittstelle ein Potenzial zur Verbesserung der Zerspanleistungen bedeuten könnte. Werden hierbei die Beobachtungen zum Verschleiß unter Rotation mit in die Betrachtung einbezogen, könnte auch die Werkzeugschnittstelle als einfach zu modifizierendes und für die jeweilige Anwendung zu wechselndes Standardteil in Betracht gezogen werden, bei dem auch Parameter wie die Einzugskraft verändert werden können.

Summary and Outlook

Answering the three research questions posed regarding the behavior of tool interfaces under rotation has presented numerous findings and stimulates the formulation of new questions.

Summary

The qualitative changes of the bending behavior under rotation, as well as the quantitative changes of the characteristic values, prove the clear influence of the rotation on the static bending behavior. The change in contact conditions under rotation and the position-dependent stiffness deviations could be demonstrated. The wear phenomena observed during the tests continuously alter the test tools and thus the contact conditions during the investigations. Therefore, the quantitative results of the series tests are only of limited significance. The qualitative results and the ratios of the qualitative results keep their significance uninfluenced by the wear.

The change in contact conditions and the resulting loss of contact at the HSK due to high rotational speeds could be demonstrated with the developed test tool. The comparison with simulation results shows good agreement, so that both methods together provide an insight into the change in taper contact under high speeds. For the classification of the possible effects, especially the displacement of the tool under rotational speed along the face plane, it is shown that this can realistically occur. Whether this has a critical effect in the context of balancing qualities, changeover repeatability and other tolerances cannot be judged.

The fact that the influence of tool interfaces with a planar face on the overall machine stiffness in the sample investigated is very low and offers little potential for optimization compared to the SK was demonstrated in a very application-oriented manner using the investigation method shown. The comparative investigation under chip removal with regard to displacement and dynamic process limit shows, especially in comparison with a solid, monolithic spindle shaft, which has the theoretically maximum possible interface stiffness, that this is not useful for achieving high cutting performance. At the same time, the dynamic investigations prove the high influence of the tool interface on the achievable metal removal rates with a rather low influence on the geometrical result within the group of tool interfaces with a planar face.

Outlook

Based on the present results of the investigations on the static behavior under rotation, a need can be derived on the one hand to verify the results with regard to the influence of the progressive wear of the test tools on the results shown. On the other hand, this wear itself should be investigated in more detail, with the aim of being able to define a limit for the beginning occurrence of increased wear. The suitability of the characteristic value $M_{B,krit.}$ as a basis for this limit should be examined. These limits are of course to be determined under the usual conditions in a machine tool, where there is no specific lubrication unlike in these investigations. Furthermore, it is interesting to extend the rotational speed range beyond the speeds investigated here in order to be able to test the hypothesis that an approximately constant level of the characteristic values can be achieved.

In the high rotational speed range, the determination of contact loss in the cone at high rotational speeds can be followed by investigations into a new definition of limiting speeds. The proposal to form tuples from the tolerable feed force and rotational speed depending on the pull-in force and to define these as the limit of use could thus be confirmed or rejected. The limiting speed tool could be further developed as a standard for this purpose, with which every existing machine spindle could be examined with regard to a relevant contact range with little effort and thus an individual speed limit could be determined, as soon as limiting lift-off areas have been defined. The investigations are certainly also of great relevance for other sizes and designs, since these have higher rotational speeds and other mass distributions and no investigations and speed recommendations are yet available.

The sensitivity curves together with the displacement curves and chatter maps give the possibility to classify the influence of the tool interface on the machining. Based on the present results, mainly in size 63, further sizes and designs should be investigated with regard to the sensitivity of the overall machine stiffness and possibly a standardized measurement rule could be developed, so that a more global picture emerges from which action requirements can be derived.

With regard to displacement and dynamic process stability, the investigations shown can only provide the motivation for more intensive research into the subject. The differences in the achievable metal removal rates with constant contour deviation are significant, so that here the tool interface promises potential for improving metal removal rates. If the observations on wear under rotation are taken into account here, the tool interface could also be considered as a standard part that is easy to modify and change for the respective application, where parameters such as the pull-in force can also be changed.

8 Literaturverzeichnis

References

[BIEH11] Biehl, S.: Piezoresistive Dünnschichtsensorik in direktem Wälzkontakt von Lagern, 2011

[BIG16] BIG KAISER Präzisionswerkzeuge AG (Hrsg.): BIG-PLUS®: DAS ORIGINAL. Rümlang, 2016

[BREC13] Brecher, C.; Müller, F.; Wagner, P.: Statisches Verhalten von Werkzeugschnittstellen. In: VDI-Z. 155. Jg., 2013, Nr. 1. S. 36-39

[BREC15a] Brecher, C.; Habermann, R.; Fey, M.: Modeling of the contact damping in tool interfaces. In Zehn, M. W.; Svobodnik, A. J. (Hrsg.): NAFEMS Seminar: Practical Aspects of Structural Dynamics, 10.-11. Nov. 2015 Wiesbaden, Germany. Bernau am Chiemsee: NAFEMS, 2015. S. 46-53

[BREC15b] Brecher, C.; Müller, F.; Wagner, P.; Fey, M.: Analyse des Biegeverhaltens von Werkzeugschnittstellen. In: MM Maschinenmarkt. 121. Jg., 2015, Nr. 30. S. 44-48

[BREC15c] Brecher, C.: Realisierung effizienter Zerspanprozesse. Aachen: Shaker, 2015

[BREC16a] Brecher, C.; Habermann, R.; Motschke, T.; Bergs, C.: Dämpfungseigenschaften der SK 40-Schnittstelle. In: VDI-Z. 158. Jg., 2016, Nr. S1/2016. S. 40-43

[BREC16b] Brecher, C.; Müller, F.; Wagner, P.: Werkzeugschnittstellen unter Torsionsbelastung. In: MM Maschinenmarkt. 122. Jg., 2016, Nr. 14. S. 64-69

[BREC16c] Brecher, C.; Bergs, C.; Wagner, P.; Greif, J.; Lembke, D.; Beck M.; Pfob, F.: Abschlussbericht zum Projekt Einheitliche Revolverschnittstelle für Drehmaschinen (REVOSIT). Aachen, 2016

[BREC16d] Brecher, C.; Fey, M.; Kneer, F.: Verschleiß an Werkzeughaltern mit Plananlage beim Spannen. In: WB Werkstatt und Betrieb. 149. Jg., 2016, Nr. 12. S. 30-33

[BREC17] Brecher, C.; Bergs, C.; Fey, M.: Schnittstellen im Fokus. In: WB Werkstatt und Betrieb. 150. Jg., 2017, Nr. 12. S. 18-21

[BREC19a] Brecher, C.; Bergs, C.; Fey, M.: Torsionsbruchverhalten von HSK-A und HSK-AB. In: MM Maschinenmarkt. 125. Jg., 2019, Nr. 8. S. 40-43

[BREC19b] Brecher, C.; Weck, M.: Werkzeugmaschinen Fertigungssysteme 1. (Reihe: VDI-Buch). 9. Auflage. Aufl. Berlin: Springer Vieweg, 2019

[BREC19c] Brecher, C.; Bergs, C.; Fey, M.: Statische Eigenschaften von HSK-A 100, SK-A 50 und PSC 100. In: MM Maschinenmarkt. 125. Jg., 2019, Nr. 21. S. 40-45

[BREC20a] Brecher, C.; Bergs, C.; Neus, S.: Statische Eigenschaften von Werkzeugschnittstellen (Teil2). In: MM Maschinenmarkt. 126. Jg., 2020, Nr. 19. S. 68-73

[BREC20b] Brecher, C.; Bergs, C.; Lembke, D.: Abschlussbericht zum Projekt Normung einer einheitlichen Kupplung für angetriebene Werkzeuge in Revolverdrehmaschinen REKUNORM (Revolverkupplungsnorm), 2020. im Rahmen des BMWi Förderprogramms: WIPANO : Projektzeitraum: 01.09.2017-29.02.2020

[BREC20c] Brecher, C.; Bergs, C.; Neus, S.: Statische Eigenschaften von Werkzeugschnittstellen (Teil1). In: MM Maschinenmarkt. 126. Jg., 2020, Nr. 18. S. 60-63

[DENK17] Denkena, B.; Mörke, T. (Hrsg.): Cyber-physical and gentelligent systems in manufacturing and life cycle. London, San Diego, CA, Cambridge, MA: AP Academic Press an imprint of Elsevier, 2017

[DIN03a] Norm DIN 69893-6 (März 2003). Kegel-Hohlschäfte mit Plananlage – Teil 6: Kegel-Hohlschäfte Form F, Maße und Ausführung

[DIN03b] Norm DIN 69063-6 (Mai 2003). Werkzeugmaschinen - Aufnahmen für Kegel-Hohlschäfte - Teil 6: Für Form F nach DIN 69893; Anschlussmaße

[DIN03c] Norm DIN 69063-2 (Mai 2003). Werkzeugmaschinen - Aufnahmen für Kegel-Hohlschäfte - Teil 2: Für Form B und Form D nach DIN 69893; Anschlussmaße

[DIN03d] Norm DIN 8580 (September 2003). Fertigungsverfahren – Begriffe, Einteilung

[DIN05] Norm DIN 69882-2 (Juni 2005). Werkzeughalter mit Kegel-Hohlschaft nach DIN 69893-1 - Teil 2: Form A, Aufsteckfräserdorn für Fräser mit Längs- oder Quernut - Maße

[DIN06] Norm DIN ISO 10889-1 (Januar 2006). Werkzeughalter mit Zylinderschaft – Teil 1: Zylinderschaft, Aufnahmebohrung; Technische Lieferbedingungen

[DIN08a] Norm DIN 69063-1 (August 2008). Werkzeugmaschinen - Aufnahmen für Kegel-Hohlschäfte - Teil 1: Für Form A und Form C nach DIN 69893, Anschlussmaße

[DIN08b] Norm DIN 69063-1 (August 2008). Werkzeugmaschinen – Aufnahmen für Kegel-Hohlschäfte – Teil 1: Für Form A und Form C nach DIN 69893, Anschlussmaße

[DIN11a] Norm DIN 69893-1 (April 2011). Kegel-Hohlschäfte mit Plananlage – Teil 1: Kegel-Hohlschäfte Form A und Form C; Maße und Ausführung

[DIN11b] Norm DIN 69893-2 (April 2011). Kegel-Hohlschäfte mit Plananlage – Teil 2: Kegel-Hohlschäfte Form B und Form D; Maße und Ausführung

[DIN12a] Norm DIN 69063-5 (Oktober 2012). Werkzeugmaschinen - Aufnahmen für Kegel-Hohlschäfte - Teil 5: Für Form E nach DIN 69893-5; Anschlussmaße

[DIN12b] Norm DIN 69893-5 (Oktober 2012). Kegel-Hohlschäfte mit Plananlage – Teil 5: Kegel-Hohlschäfte Form E; Maße und Ausführung

[DIN13a] Norm DIN ISO 26622-1 (August 2013). Modulare Kegelschnittstelle mit Kugellaufbahnsystem – Teil 1: Maße und Bezeichnung von Schäften (ISO 26622-1:2008)

[DIN13b] Norm DIN ISO 26622-2 (Oktober 2013). Modulare Kegelschnittstelle mit Kugellaufbahnsystem – Teil 2: Maße und Bezeichnung von Aufnahmen (ISO 26622-2:2008)

[DIN13c] Norm-Entwurf E DIN 69893-2 (November 2013). Kegel-Hohlschäfte mit Plananlage – Teil 2: Kegel-Hohlschäfte Form B und Form D; Maße und Ausführung

[DIN14a] Norm DIN ISO 7388-2 (Juli 2014). Werkzeugschäfte mit Kegel 7/24 für automatischen Werkzeugwechsel – Teil 2: Maße und Bezeichnung von Schäften der Formen J, JD und JF (ISO 7388-2:2007)

[DIN14b] Norm DIN ISO 7388-1 (Juli 2014). Werkzeugschäfte mit Kegel 7/24 für automatischen Werkzeugwechsel – Teil 1: Maße und Bezeichnung von Schäften der Formen A, AD, AF, U, UD und UF (ISO 7388-1:2007)

[DIN15] Norm DIN ISO 7388-3 (März 2015). Werkzeugschäfte mit Kegel 7/24 für automatischen Werkzeugwechsel – Teil 3: Anzugsbolzen für Schäfte der Formen AC, AD, AF, UC, UD, UF, JD, und JF (ISO 7338-3:2013)

[DIN18a] Norm DIN ISO 12164-3 (Dezember 2018). Hohlkegelschnittstelle mit Plananlage – Teil 3: Maße von Schäften für stehende Werkzeuge (ISO 12164-3:2014)

[DIN18b] Norm DIN ISO 12164-4 (Dezember 2018). Hohlkegelschnittstelle mit Plananlage – Teil 4: Maße von Aufnahmen für stehende Werkzeuge (ISO 12164-4:2014)

[DIN20] Norm DIN 1880 (Oktober 2020). Walzenstirnfräser mit Quernut und Längsnut – Maße und Technische Lieferbedingungen

[DIN64] Norm DIN 1806 (Juni 1964). Kegelschäfte für Querkeilbefestigung

[DIN87a] Norm DIN 228-1 (März 1987). Morsekegel und Metrische Kegel; Kegelschäfte

[DIN87b] Norm DIN 2079 (August 1987). Spindelköpfe mit Steilkegel 7:24

[GMN19] GMN Paul Müller Industrie GmbH: Hochfrequenzspindel für automatischen Werkzeugwechsel, Dezember 2019

[ISO14] Norm ISO 26623-2 (September 2014). Polygonal taper interface with flange contact surface — Part 2: Dimensions and designation of receivers

[ISO20] Norm ISO 26623-1 (November 2020). Polygonal taper interface with flange contact surface — Part 1: Dimensions and designation of shanks

[KELC13] Kelch GmbH: HSK-Messlehren für Werkzeugschäfte und Spindeln. Weinstadt, 2013

[KOCH99] Kocherovsky, E.: HSK Handbook. West Bloomfield, MI, USA: Intelligent Concept, 1999

[KOME17] KOMET GROUP GmbH: Forschungsbericht zum Verbundprojekt "Bauteilgerechte Maschinenkonfiguration in der Fertigung durch Cyber-Physische Zusatzmodule", Kurztitel: BaZMod. Besigheim, 2017

[LEMB93] Lembke, D.: Untersuchung der Gestaltungsmöglichkeiten für die Schnittstelle Maschine / Werkzeug. Diss. RWTH Aachen, 1993

[MÖLL05] Möller, B.; Metzele, M.; Giesler M.; Kaever, M.; Platen, S.; u.a.: FuE-Abschlussbericht des BMBF - Verbundprojektes "Intelligente Spindeleinheit" (ISPI), 2005

[MÜLL16] Müller, F.: Methoden zur Charakterisierung von Werkzeugschnittstellen unter statischer Last. Diss. RWTH Aachen, 2016

[NEUG12] Neugebauer, R.: Werkzeugmaschinen. Berlin, Heidelberg: Springer, 2012

[SCHO10] Schoppe, K.-H.: Modifizierte Werkzeugschnittstelle steigert Wechselgenauigkeit. In: Maschinenmarkt, 2010

[SCHU94] Schubert, I.: Grenzlastverhalten von Schnittstellen zwischen Maschine und Werkzeug. Diss. RWTH Aachen, 1994

[STAR18] Starrag Technology GmbH: Ecospeed series, 03/2018

[STOT20] Stotz Feinmesstechnik GmbH: Mechanische Luftmessgeräte und Einstellmeister Standardluftmessdorne /-ringe / Kegelmessung (HSK, SK, MK). URL: https://www.stotz.com/index.php?p=kegelmessung_hsk_sk_mk. [Stand: 14.02.2020]

[VDI19a] Richtlinie 2221-1 (November 2019). Entwicklung technischer Produkte und Systeme

[VDI19b] Richtlinie 2221-2 (November 2019). Entwicklung technischer Produkte und Systeme

[VDMA05] Einheitsblatt VDMA 34181 (Juli 2005). Grenzbelastbarkeit von HSK Schnittstellen Form A/C gemäß DIN 69893-1 und ISO 12164-1

[WAGN17] Wagner, P.: Werkzeugschnittstellen für Drehmaschinen. Diss. RWTH Aachen, 2017

[WANG04] Wang, D. L.; Li, T. H.; Kang, D. C.: Finite Element Analysis for Deformation of Toolholder/Spindle Interface System at High Rotation Speed. In: Materials Science Forum, 2004, Nr. 471-472. S. 649-653

[WECK77] Weck, M.; Teipel, K.: Dynamisches Verhalten spanender Werkzeugmaschinen. Berlin: Springer, 1977

[WECK99] Weck, M.; Reinartz, T.: Untersuchungen von Werkzeug und Spannsystemen unter sicherheitstechnischen Gesichtspunkten. (Reihe: Arbeits- und Gesundheitsschutz in der Hochgeschwindigkeitsbearbeitung. Bd. 4). Kassel: Verlag Institut für Arbeitswissenschaften Kassel, 1999

In der Reihe **Ergebnisse aus der Produktionstechnik** zuletzt erschienen:

Bergs, Christian:
Untersuchung von Werkzeugschnittstellen für Fräsmaschinen unter Betriebsbedingungen
ISBN: 978-3-98555-320-4
Erscheinungsdatum: 13.01.2026

Dehn, Mathias:
Korrektur des thermo-elastischen Maschinenfehlers von Fräsmaschinen mithilfe von künstlichen neuronalen Netzen und maschineninternen Daten
ISBN: 978-3-98555-326-6
Erscheinungsdatum: 13.01.2026

Niwar, Lea:
Methodik zur Arbeitsvorbereitung mittels Maschinensteuerungs- und Sensordaten für extrusionsbasierte additive Verfahren
ISBN: 978-3-98555-315-0
Erscheinungsdatum: 13.01.2026

Wiesch, Marian:
Lernende Prozesskraftmodellierung zur Planung und Überwachung in der Einzelteilfertigung für Fräsanwendungen
ISBN: 978-3-98555-324-2
Erscheinungsdatum: 13.01.2026

Maetschke, Jan:
Wirtschaftliche Leistungssteigerung von Produktionslinien
ISBN: 978-3-98555-316-7
Erscheinungsdatum: 09.12.2025

Blanke, Philipp:
Temporäre Automatisierung von Werkzeugmaschinen
ISBN: 978-3-98555-314-3
Erscheinungsdatum: 24.11.2025

Slawik, Viktor:
Datenbasierte Analyse vernetzter natürlich sprachlicher Anforderungen in der Produktentwicklung
ISBN: 978-3-98555-313-6
Erscheinungsdatum: 24.11.2025

Beckschulte, Sebastian:
Gestaltungsmodell zur Systematisierung der Fehlerdatenerfassung im manuellen Montageprozess
ISBN: 978-3-98555-311-2
Erscheinungsdatum: 17.11.2025

de Oliveira Löhrer, Patrícia:
Influence of Material Removal Mechanisms on Thermo-Mechanical Loads in Continuous Generating Gear Grinding
ISBN: 978-3-98555-309-9
Erscheinungsdatum: 17.11.2025

Zalfen, Moritz:
Einfluss der Dehnrate auf die Zahnfußtragfähigkeit schnelllaufender Zahnradgetriebe
ISBN: 978-3-98555-308-2
Erscheinungsdatum: 03.11.2025

Edition Wissenschaft
Apprimus

Lossie, Karl:

Decision Model for Performance-Driven Prioritization of Operational Decisions on the Manufacturing Shop Floor

ISBN: 978-3-98555-305-1

Erscheinungsdatum: 29.09.2025

Klee, Lukas:

Auslegung des Druckprozesses beim Binder Jetting zur Herstellung von Verzahnungen mit hoher Zahnfußtragfähigkeit

ISBN: 978-3-98555-299-3

Erscheinungsdatum: 02.09.2025

Lee, Tae Hun:

Messung und Modellierung der thermo-elastischen Abweichungen von fünfachsigen Werkzeugmaschinen

ISBN: 978-3-98555-294-8

Erscheinungsdatum: 12.08.2025

Welschof, Lukas:

Ermüdungsfestigkeit drahtfunkenerodierter Nickelbasiswerkstoffe für Triebwerksanwendungen

ISBN: 978-3-98555-287-0

Erscheinungsdatum: 10.06.2025

Mendl-Heinisch, Michael:

Bewertung technischer Produktänderungen mittels prädiktiver Datenanalyse

ISBN: 978-3-98555-267-2

Erscheinungsdatum: 24.03.2025

Pullen, Thomas Wilhelm:

Überwachung des Verschleißzustandes von Bohrwerkzeugen mithilfe von Körperschallsignalen

ISBN: 978-3-98555-268-9

Erscheinungsdatum: 04.03.2025

Schäfer, Niklas:

Regelbasierte Planungsautomatisierung für die Digitale Fabrik

ISBN: 978-3-98555-304-4

Erscheinungsdatum: 29.09.2025

Trisjono, Julian Andreas:

Methodik zur Einführung datengetriebener Geschäftsmodelle im Werkzeugbau

ISBN: 978-3-98555-298-6

Erscheinungsdatum: 02.09.2025

Schollemann, Alexander:

Strategische Ausrichtung nachhaltiger Produktionsnetzwerke

ISBN: 978-3-98555-293-1

Erscheinungsdatum: 15.07.2025

Spindler, Sarah:

Multi-Source Energy Harvesting for Wireless IIoT Sensors

ISBN: 978-3-98555-285-6

Erscheinungsdatum: 02.06.2025

Chhor, Jimmy:

Cyclic Procedure Model for the Continuous Optimization of Digital Business Processes

ISBN: 978-3-98555-271-9

Erscheinungsdatum: 24.03.2025

Lauf, Hendrik:

Identifizierung von Innovationspotenzialen durch die semantische Modellierung des Produktumfelds

ISBN: 978-3-98555-251-1

Erscheinungsdatum: 24.02.2025

Edition Wissenschaft
Apprimus

www.fsc.org
MIX
Papier | Fördert gute Waldnutzung
FSC® C083411

Kolibri 360 GmbH
Ferdinand-Jühlke-Straße 7
99095 Erfurt, Deutschland
produktsicherheit@kolibri360.de